Die künstliche Radioaktivität in Biologie und Medizin

Eine gemeinverständliche Einführung

Von

Dr. Traude Bernert

Institut für Radiumforschung, Wien

Mit 27 Textabbildungen

Wien

Springer-Verlag

1949

ISBN-13: 978-3-211-80083-6   e-ISBN-13: 978-3-7091-7723-5
DOI: 10. 1007/978-3-7091-7723-5

Vorwort.

Das vorliegende kleine Buch soll eine kurzgefaßte Einführung in die Anwendungen der künstlich radioaktiven Isotope in den biologischen Wissenschaften darstellen. Es ist einerseits für den Arzt und den Biologen gedacht, der sich über dieses neue Gebiet, die Eigenart seiner Untersuchungsmethode und die bisherigen Ergebnisse orientieren will. Für ihn ist vor allem auch die kernphysikalische Einleitung bestimmt. Das Buch soll aber auch dem Physiker und Chemiker einen Überblick geben über die Mannigfaltigkeit der Anwendungsmöglichkeiten, die in Biologie und Medizin, für die in den letzten eineinhalb Jahrzehnten in so großer Zahl hergestellten und eingehend vom physikalischen und chemischen Standpunkt untersuchten künstlich radioaktiven Isotope bestehen. Überdies aber war ich bemüht, die Probleme so darzustellen, daß auch der gebildete Laie, der Anteil an der naturwissenschaftlichen Forschung seiner Zeit nimmt, imstande ist, den Ausführungen zu folgen und einen Einblick zu gewinnen in dieses hochinteressante Gebiet, dessen Entwicklungsmöglichkeiten noch gar nicht abzusehen sind. Es wurde dabei auch an den Lehrer gedacht, der in der Forschung seines Faches im laufenden bleiben möchte.

Bei der Fülle des vorliegenden Materials — es liegen bereits an die tausend Originalarbeiten in den verschiedensten Fachzeitschriften vor — und der stürmischen Entwicklung des Gebietes mußte selbstverständlich auf jede Vollständigkeit verzichtet werden.

Frau Dr. med. *Lydia Doubrava* spreche ich meinen herzlichsten Dank für die freundliche Durchsicht des Manuskriptes und manche wertvolle Anregungen, die Darstellung der medizinischen Fragen betreffend, aus.

Frau Professor Dr. *Berta Karlik* bin ich für ihr stetes, förderndes Interesse zu aufrichtigem Dank verpflichtet.

Institut für Radiumforschung
der Akademie der Wissenschaften,
W i e n , im April 1949.

Traude Bernert

Inhaltsverzeichnis.

I. Kernphysikalische Grundlagen und Einführung in die Methodik der radioaktiven Indikatoren.

1. Das periodische System der Elemente.

Als im Laufe des 18. und 19. Jahrhunderts die Chemie aufhörte eine alchimistische Hexenkunst zu sein und sich zu einer exakten Naturwissenschaft entwickelte, da gehörte vor allem die Lehre von den Elementen zu ihren wissenschaftlichen Grundlagen: Alle Stoffe, denen wir in der Natur begegnen, lassen sich durch chemische Prozesse so lange umwandeln, bis man sie in ihre Grundelemente zerlegt hat. Von da ab ist keine weitere Aufspaltung mehr möglich, und es ist ferner unmöglich, mit chemischen Mitteln ein Element in ein anderes zu verwandeln. Der Traum der Alchimisten, aus unedlen Stoffen Gold zu machen, erwies sich als ebenso undurchführbar, wie etwa der Wunsch, das Perpetuum mobile zu erfinden. Später gelang es dann den beiden Forschern Mendelejeff und Lothar Meyer, unabhängig voneinander, die bis dahin bekannten Elemente nach ihrem Atomgewicht und nach ihren chemischen Eigenschaften geordnet in ein System einzugliedern, das das *periodische System der Elemente* genannt wird: Die Elemente sind in sieben Reihen nach steigendem Atomgewicht derart angeordnet, daß Elemente mit verwandten chemischen Eigenschaften, wie etwa die Alkalimetalle (Lithium, Natrium, Kalium usw.) oder die Halogene (Fluor, Chlor, Brom und Jod), jeweils untereinander zu stehen kommen (siehe Tab. 1 am Ende des Buches). An erster Stelle steht also demnach Wasserstoff, das leichteste Element, an 92. Stelle Uran, das schwerste der damals bekannten Elemente. Es ergab sich, daß durch diese Anordnung manche Stellen im periodischen System frei bleiben mußten, zur Zeit der Entdeckung des periodischen Systems waren es etwa 30, da für sie kein passendes Element bekannt war. Man vermutete damals ganz richtig, daß noch nicht alle in der Natur vorkommenden Elemente entdeckt seien. Tatsächlich ist es der Wissenschaft seither gelungen, alle fehlenden Elemente aufzufinden[1].

Das periodische System, das seine Entdeckung gewissen Regelmäßigkeiten unter den Eigenschaften der Elemente verdankte, hat später sehr an Bedeutung gewonnen, da seine Gesetzmäßigkeit durch Gesetzmäßigkeiten beim Aufbau der Atome erklärt werden konnten. Wir wollen hier nur kurz zusammenfassend über unsere heutigen Vorstellungen vom Aufbau der Atome berichten, die, ausgehend von experimentellen Befunden verschiedener Forscher, von dem englischen Physiker *Rutherford* erstmalig entwickelt, später von dem Dänen Niels *Bohr* verbessert wurden, und schließlich von dem deutschen Physiker Werner *Heisenberg* ihre derzeitige Vollendung erhielten.

2. Das Atommodell.

Atombegriff — Atomkern — Proton — Neutron —
Elementarquantum — Ordnungszahl = Kernladungszahl —
Atomhülle — Elektronen.

Der bereits auf die alten Griechen zurückgehende Atombegriff erhielt in dem Augenblick wissenschaftliche Realität, als gegen Ende des 19. Jahrhunderts die Forschung infolge des ungeheuren Fortschritts der Erkenntnis und der wissenschaftlichen Hilfsmittel in der Lage war, mit Körpern von atomaren Ausmaßen Experimente anzustellen. Es sei hier nur an die Entdeckung der Röntgenstrahlen, der Elektronen und der Radioaktivität erinnert, an die Versuche mit Kathoden- und Kanalstrahlen u. a. m. Man stellt sich heute vor, daß jedes Gramm einer Substanz aus einer ungeheuer großen Anzahl von Atomen zusammengesetzt ist. Das Atom ist definiert als die kleinste physikalische Einheit, in die sich ein Element zerlegen läßt, ohne seinen chemischen Charakter zu verändern.

Es zeigte sich, daß die Masse des Atoms nicht gleichmäßig über den ganzen, dem Atom zugehörigen Raum verteilt ist, sondern daß

---

[1] Die Plätze mit den Ordnungszahlen 43 und 61 sind allerdings unbesetzt geblieben, doch stimmt dies mit den Erwartungen der physikalischen Theorie gut überein. Diese fordert nämlich, daß Elemente dieser Ordnungszahlen in „stabiler" Form in der Natur nicht vorkommen können. Es besteht die Möglichkeit, daß diese Elemente in radioaktiver Form einmal auf der Erde existiert haben, jedoch infolge ihres radioaktiven Zerfalles bereits ausgestorben sind.

sie im Zentrum des Atoms auf einen selbst für atomare Begriffe winzigen Raum[2] konzentriert ist, den man den *Atomkern* nennt. Dieser Atomkern ist kein homogenes Ganzes, sondern er wird aus zwei Arten von Bausteinen, den *Protonen* und den *Neutronen* aufgebaut, welche durch die sogenannten Kernkräfte, je nach der Art des Atomkernes, mehr oder weniger fest zusammengehalten werden. Beide sind Urbausteine der Materie, das heißt also Teilchen, die nicht mehr weiter zerlegt werden können. Die Protonen sind kleinste Materieteilchen von der Masse $1{,}662 \times 10^{-24}$ Gramm[3]. Sie sind stets positiv elektrisch geladen, ihre Ladung beträgt ein elektrisches *Elementarquantum*, das ist die kleinste Elektrizitätsmenge, die aufgefunden wurde. Die Neutronen besitzen ungefähr dieselbe Masse wie die Protonen, sind aber, wie ihr Name andeutet, elektrisch neutral. Die Zahl der Protonen ist für jedes Element charakteristisch, und zwar ist sie gleich der *Ordnungszahl* des betreffenden Elementes im periodischen System. So besitzt z. B. Wasserstoff, der als leichtestes Element an erster Stelle des periodischen Systems steht, *ein* Proton, Helium, das nächst schwerere Element, besitzt zwei, usw., bis zu Uran, mit seinen 92 Protonen. Da die Ordnungszahl die Zahl der Protonen und damit die Zahl der positiven Elementarquanten angibt, so spricht man auch von *Kernladungszahl*. Die Anzahl der Neutronen im Kern kann für ein und dasselbe Element, innerhalb gewisser enger Grenzen, verschieden sein. Wir werden darauf später noch zu sprechen kommen. Der Atomkern ist von einer bestimmten Anzahl von *Elektronen* umgeben, die ihn, ähnlich wie Planeten um die Sonne, umkreisen. Man nennt sie die *Atomhülle*. Elektronen sind kleinste, negativ elektrisch geladene Urbausteine der Materie. Ihre elektrische Ladung beträgt ebenfalls ein elektrisches Elementarquantum, jedoch ist ihre Masse ungefähr 2000mal kleiner als die Protonenmasse. Sie fällt also neben dieser nicht ins Gewicht. Die Anzahl der Hüllenelektronen ist gleich der Anzahl der Protonen des Kernes: Das Atom ist also nach außenhin elektrisch neutral, da der positiv geladene Kern von einer aus ebenso vielen Elementarladungen bestehenden, negativen Hülle um-

---

[2] Der Radius des gesamten Atoms beträgt größenordnungsmäßig 10^{-8} cm, während der Radius des Atomkerns zwischen 10^{-13} bis 10^{-12} cm liegt.

[3] $1{,}662 \times 10^{-24} = \dfrac{1{,}662}{1{,}000.000.000.000.000.000.000.000}$. In Masseneinheiten ausgedrückt, besitzt das Proton ungefähr die Masse 1. Eine Masseneinheit ist definiert als der 16. Teil des Atomgewichts von Sauerstoff.

geben ist. *Der chemische Charakter eines Elementes hängt von der Anzahl seiner Hüllenelektronen ab.*

3. Was sind Isotope?

Isotopie — Trennung von Isotopen — Massenspektroskopie — relative Häufigkeit — Massenzahl — weitere Isotopentrennverfahren.

Wie wir bereits angedeutet haben, kann die Anzahl der Neutronen im Atomkern für ein und dasselbe Element verschieden groß sein. Es kann also vorkommen, daß ein Element aus verschiedenen Atomarten zusammengesetzt ist, die sich voneinander nur durch einen geringen Unterschied ihres Atomgewichtes (pro Neutron ungefähr $1,66 \times 10^{-24}$ Gramm!) unterscheiden. Man nennt die Atomarten, die jeweils zu einem Element gehören, die *Isotope* des betreffenden Elementes, vom griechischen isos topos = gleiche Stelle, weil sie im periodischen System an der gleichen Stelle liegen. Es sei nochmals betont, daß sie sich chemisch völlig gleichartig verhalten, also auf chemischem Wege nicht voneinander getrennt werden können.

Der kolossale Fortschritt der wissenschaftlichen Methoden gibt uns heute eine Möglichkeit, die Isotope eines Elementes dennoch voneinander zu trennen, und zwar geschieht das auf *physikalischem* Wege, indem ihr geringer Gewichtsunterschied ausgenützt wird. Es gibt mehrere Methoden, mit deren Hilfe Isotope getrennt werden können. Die älteste, und für Präzisionsbestimmungen der Massenunterschiede der einzelnen Isotope geeignete Methode ist die sogenannte *Massenspektroskopie:* Es ist bekannt, daß man durch sehr hohes Erhitzen Metalle zerstäuben kann, da nämlich bei sehr hohen Temperaturen die einzelnen Atome bereits abzudampfen beginnen. Diese Zerstäubung ist so stark, daß auch ein oder mehrere Elektronen der Atomhülle der einzelnen Atome abgerissen werden, wodurch die elektrische Neutralität des Atoms gestört wird und der nunmehr elektrisch geladene Atomrest, *Ion* genannt, für elektrische Felder beeinflußbar gemacht wird. Durch geeignete elektrische und magnetische Felder können diese Ionenstrahlen sozusagen ihrer Masse nach sortiert und auf einer Auffängervorrichtung, z. B. auf einer photographischen Platte, aufgefangen werden. Durch geeignete Konstruktion des Massenspektrographen läßt es sich so einrichten, daß gleich schwere Isotope sehr scharf linienförmige Schwärzungen auf der Platte hervorrufen. Aus dem Abstand dieser Linien läßt sich das Isotopengewicht bis auf einige Hunderttausendstel seines Gesamtwertes genau bestimmen. Das bedeutet bei den leichtesten Kernen eine Meßgenauigkeit von größenordnungsmäßig 10^{-29} Gramm, also 1 gebrochen durch eine Zahl mit 29 Nullen!

Die Schwärzungsintensität der einzelnen Linien auf der Auffängerplatte gestattet überdies sehr genaue Aussagen über die prozentuellen Mengen, mit denen die einzelnen Isotope in einem Element vertreten sind. Man nennt das die *relative Häufigkeit* der Isotope, und es zeigt sich, daß die Zusammensetzung eines Elementes im allgemeinen auf der ganzen Erde konstant ist, ganz unabhängig von der Vorgeschichte des betreffenen Materials, seinem Fundort, seiner chemischen Verbindung usw. Dies war zu erwarten, da die Atomgewichtsbestimmungen immer die gleichen Resultate geliefert hatten. Unter den in der Natur vorkommenden Elementen gibt es eine ganze Menge, die nur ein Isotop besitzen, sie bestehen also aus Atomen, deren Neutronenanzahl im Kern stets gleich groß ist. Man nennt sie Reinelemente, z. B. Natrium, Aluminium, Phosphor usw. Sie sind daran erkenntlich, daß ihr Atomgewicht ganzzahlig ist (siehe Tab. 1: Periodisches System). Daneben gibt es die sogenannten Mischelemente: sie besitzen eine Reihe von Isotopen, ihr Atomgewicht ist ein Mittelwert ihrer Isotopengewichte und daher keine ganze Zahl. Als Beispiel sei Eisen mit 4 Isotopen, Nickel mit 5, Zinn sogar mit 10 Isotopen angeführt. Die Gewichte z. B. der 4 Isotope des Eisens betragen rund 54, 56, 57 und 58. Diese auf ganze Zahlen abgerundeten Isotopengewichte nennt man *Massenzahl* der betreffenden Isotope. In Prozenten ausgedrückt sind von den einzelnen Eisenisotopen folgende Mengen vorhanden:

$$^{54}\text{Fe} \quad 5{,}84\ \% \qquad\qquad ^{57}\text{Fe} \quad 2{,}17\ \%$$
$$^{56}\text{Fe} \quad 91{,}68\ \% \qquad\quad ^{58}\text{Fe} \quad 0{,}31\ \%$$

Unter Berücksichtigung dieser prozentuellen Anteile ergibt sich dann für das natürliche Eisen das Mischatomgewicht von 55,84.

Der Begriff Massenzahl spielt in der Kernphysik eine sehr wichtige Rolle. Wenn wir uns an das im zweiten Abschnitt über das Atommodell Gesagte erinnern, werden wir verstehen, daß die Massenzahl nichts anderes ist, als die Summe der Anzahl der Protonen und der Neutronen im Atomkern des betreffenden Isotops.

Zur Vereinfachung wollen wir folgende Schreibweise einführen: Ein Isotop sei durch sein chemisches Zeichen und durch die links unten angeführte Ordnungszahl ($=$ Nummer im periodischen System $=$ Zahl der Protonen im Kern) charakterisiert. Zur Unterscheidung von anderen Isotopen desselben Elementes wird die Massenzahl in die linke obere Ecke gesetzt. Durch Angabe von Ordnungszahl und Massenzahl ist ein Atomkern vollständig identifiziert. So schreibt man z. B. das eine in der Natur vorkommende Natriumisotop, welches an elfter Stelle im periodischen System steht und 12 Neutronen besitzt: $^{23}_{11}$Na.

Außer der Massenspektroskopie gibt es noch andere Methoden zur Isotopentrennung, z. B. die Diffusions- und die Trennrohrmethode. Hier werden die Geschwindigkeitsunterschiede bewegter Ionen der verschieden schweren Isotope zur Isotopentrennung ausgenützt. Diese Methoden werden dazu verwendet, eine bestimmte Isotopenart eines Elementes anzureichern, bzw. zu isolieren. Die Isotopentrennung hat u. a. bei der Herstellung der „*Atombombe*" eine wichtige Rolle gespielt, da man zu diesem Zwecke ein bestimmtes Uranisotop möglichst unbelastet durch die anderen Isotope des Urans benötigte.

4. Die natürliche Radioaktivität und die erste „Atomzertrümmerung".

Atomumwandlung durch radioaktiven Zerfall — α-, β-, γ-Strahlen — Zertrümmerung des Stickstoffkernes — Kernreaktion.

Wir haben im zweiten Abschnitt einen Überblick über unsere heutigen Vorstellungen von den Atomen gegeben, ohne näher auf die Entwicklung der physikalischen Erkenntnisse eingehen zu können und ohne die Experimente und physikalischen Entdeckungen anzugeben, die dem Wissenschaftler den Weg gewiesen hatten. Das würde natürlich über den Rahmen dieses Buches hinausgehen. Jedoch sei kurz von zwei Entdeckungen berichtet, die für die gesamte Entwicklung von ausschlaggebender Bedeutung waren und die für das Verständnis des Folgenden sehr wichtig sind.

Es war zuerst die Entdeckung der natürlichen Radioaktivität, durch welche die Grundthese der Chemiker, ein Atom eines Elementes sei eine unveränderliche, letzte Einheit, erschüttert wurde. Es zeigte sich, daß die schwersten Atomarten, etwa von der Ordnungszahl 84 (Polonium) an, aber auch gewisse Isotopen von Elementen niedrigerer Ordnungszahl, infolge ihres schweren, kompliziert gebauten Kernes nicht mehr beständig sind, sie *zerfallen* unter Aussendung von Strahlung, man sagt, sie sind *radioaktiv*. Je nach der Natur dieser Strahlung teilt man sie ein in α-, β- oder γ-Strahler.

Die α-Strahlen sind kleine Materieteilchen, die eine gewisse elektrische Ladung mit sich führen. Man fand, daß sie mit den Atomkernen des Elementes Helium identisch sind. Helium steht im periodischen System an zweiter Stelle, sein Atomkern besitzt 2 Protonen. Seine Ladung beträgt daher 2 positiv elektrische Elementarquanten. Außerdem besitzt er aber noch 2 Neutronen, so daß seine Massenzahl 4 beträgt.

Wie sieht nun ein solcher radioaktiver Kern, etwa der Kern des Radiumisotops $^{226}_{88}$Ra aus, nach dem er ein α-Teilchen ausgesandt hat: Er verliert zunächst 2 positive Elementarquanten, seine Kernladungszahl, bzw. Ordnungszahl verringert sich somit um 2. Seine Massenzahl hingegen verringert sich um 4 Einheiten, da er außer den beiden Protonen auch noch 2 Neutronen verloren hat: $^{226}_{88}$Ra $\rightarrow$ $^{222}_{86}$ Rn. Radium geht also über in das ebenfalls radioaktive Edelgas Radiumemanation. Ein Gleiches gilt für alle anderen α-Strahler: Sie *gehen durch den radioaktiven Zerfall in ein anderes Element über* und dieses steht um 2 Stellen tiefer im periodischen System und ist um 4 Masseneinheiten leichter als der ursprüngliche α-Strahler.

Die β-Strahlen sind schnell bewegte Elektronen, die, wohlgemerkt, aus dem Atomkern, nicht etwa aus der Atomhülle, stammen. Über die näheren Umstände ihres Ursprunges weiß man heute noch nicht viel, jedoch neigt man zu der Annahme, daß sie im Kern erst im Augenblick ihres Ausgestrahltwerdens entstehen. Jedenfalls ist der Kern, nach dem ein β-Teilchen ihn verlassen hat, um eine Elementarladung positiver geworden: er hat sich also in den Atomkern seines *nächst höheren Nachbarn* im periodischen System verwandelt. So geht z. B. das β-strahlende Radium B, mit der Ordnungszahl 82 (Bleiisotop), in Radium C, ein Wismutisotop, über, das die Ordnungszahl 83 besitzt: $^{214}_{82}$ Ra B $\rightarrow$ $^{214}_{83}$ Ra C. Da die Masse des β-Teilchens gegenüber der Masse der Protonen und

Neutronen verschwindend klein ist, so ändert sich, wie wir sehen, die Massenzahl beim β-Zerfall nicht.

Die γ-Strahlung ist keine Materiestrahlung, sondern eine elektromagnetische Wellenstrahlung. Sie verursacht daher keine Änderung von Ordnungszahl und Massenzahl, sondern stellt lediglich den Energieausgleich zwischen 2 Kernzuständen her.

In der Radioaktivität stoßen wir zum ersten Male auf die Tatsache, daß sich Elemente ineinander umwandeln können. Tab. II am Ende des Buches zeigt die drei natürlich radioaktiven „Familien". Ausgehend von Uran und Thorium führt der radioaktive Zerfall schließlich zu den drei stabilen Bleiisotopen $^{206}_{82}$Pb, $^{207}_{82}$Pb und $^{208}_{82}$Pb. Es sei jedoch noch einmal betont, daß hier nicht etwa eine chemische, sondern eine *physikalische* Ursache zu dieser Verwandlung vorliegt. Der Satz, daß chemische Elemente auf *chemischem* Wege nicht ineinander umgewandelt werden können, gilt nach wie vor. Bei den schweren Elementen stehen den Kräften, die den Atomkern zusammenhalten, bereits zu starke Gegenkräfte gegenüber, man denke an die Abstoßung der elektrisch gleichnamigen Protonen untereinander, die mit wachsender Protonenzahl sehr rasch ansteigt. Der radioaktive Zerfall geht, unbeeinflußbar durch äußere Einwirkungen, welcher Art auch immer, unbeirrbar, mit einer für jedes radioaktive Element charakteristischen Geschwindigkeit vor sich. Die Zeit, die ein Element benötigt, um auf die Hälfte seiner ursprünglichen Menge zerfallen zu sein, nennt man seine *Halbwertszeit*. Sie ist eine für das betreffende Isotop charakteristische Konstante und kann zwischen Bruchteilen von Sekunden und tausenden Millionen Jahren liegen. So beträgt z. B. die Halbwertszeit von Actinium Emanation nicht ganz 4 Sekunden, die Halbwertszeit von Uran I 4.500,000.000 Jahre.

Eine weitere aufsehenerregende Entdeckung war die erste „Atomzertrümmerung". Im Jahre 1919 entdeckte der große englische Physiker und Erforscher des Atomkernes, Lord Ernest *Rutherford*, daß es möglich ist, ein Element in ein anderes zu verwandeln. Er bestrahlte Stickstoff mit α-Strahlen, welche, wenn sie auf den Kern eines Stickstoffatoms aufprallen, diesen „zertrümmern". Der Stickstoffkern wird in einen Sauerstoffkern und einen Wasserstoffkern verwandelt, wobei das Wasserstoffteilchen mit großer Geschwindigkeit fortgeschleudert wird. Symbolisch beschreibt man diesen Vorgang folgendermaßen:

$$^{14}_{7}\mathrm{N} + {}^{4}_{2}\mathrm{He} \rightarrow {}^{17}_{8}\mathrm{O} + {}^{1}_{1}\mathrm{p}$$

Der Stickstoff, der an siebenter Stelle des periodischen Systems (untere Zahl) steht und die Massenzahl 14 (obere Zahl) besitzt, fängt ein α-Teilchen mit der Ordnungszahl 2 und der Massenzahl 4 (Heliumkern) ein, es entsteht ein Sauerstoffkern, der im periodischen System um eine Stelle höher steht als der Stickstoffkern (Ordnungszahl 8) und ein Wasserstoffkern (p = Proton), mit Ordnungszahl 1 und Massenzahl 1. Die Summe der Massenzahlen und die Summe der Ordnungszahlen müssen, ähnlich wie bei einer Gleichung, auf beiden Seiten denselben Wert ergeben. Man spricht hier analog zu chemischen Reaktionen von einer *Kernreaktion*. Da Rutherford zuerst das ausgeschleuderte Proton beobachtet hatte, nannte man den ganzen Vorgang ursprünglich „Atomzertrümmerung". Als aber später der genaue Sachverhalt besser bekannt wurde, sah man, daß eigentlich keine Zertrümmerung, sondern ein Aufbau des Atomkernes vor sich geht. Es hat sich daher heute die Bezeichnung *Atomumwandlung* eingebürgert.

Wir haben hier den ersten Fall einer Atomumwandlung, die willkürlich im Laboratorium jederzeit herbeigeführt werden kann. Die großen Energien, die dazu notwendig sind, um in dem Stickstoffkern eine so umwälzende Veränderung hervorzurufen, wird durch den radioaktiven Zerfall geliefert, bei welchem α-Teilchen von solcher Geschwindigkeit ausgeschleudert werden, daß sie imstande sind, in den Kern des Stickstoffatoms einzudringen.

5. Methoden für weitere künstliche Atomumwandlungen.

Hochspannungsanlagen — Zyklotron — Synchotron — Neutronen — Uranspaltung — Kettenreaktion — Atombombe — Uranbatterie — Plutonium.

Rutherfords Entdeckung verursachte eine stürmische Entwicklung auf dem Gebiete der Kernphysik. Man bestrahlte eine Reihe von Stoffen mit α-Strahlen, um weitere Kernumwandlungen aufzufinden, was tatsächlich bei den leichtesten Elementen, etwa bis Argon, gelang. Bei schwereren Kernen zeigte sich jedoch ein Hindernis: Die Energie der α-Teilchen reichte nämlich nicht mehr aus, um die abstoßende, elektrische Kraft zu überwinden, die der positiv geladene Atomkern dem ebenfalls positiv geladenen α-Teilchen entgegensetzt und die für jedes neu hinzukommende Proton weiter anwächst. Hier jedoch half die Technik weiter: Bewegten, elektrisch geladenen Teilchen können sehr große Geschwindigkeiten erteilt werden, wenn man sie ein genügend starkes elektrisches Feld durchlaufen läßt. Man baute also riesige Hochspannungsanlagen, in denen Protonen, Deuteronen[4] und α-Teilchen so stark beschleunigt

Abb. 1. Teilansicht des „kleinen" Zyklotrons der California-Universität, Berkeley, U. S. A. Ein Strahl beschleunigter Elektronen, etwa 30 cm lang, ist deutlich sichtbar (Pfeil).

Abb. 2. Gesamtansicht des 60-inch-Zyklotrons desselben Institutes. (Zur Zeit der Aufnahme Bau noch nicht fertiggestellt.) Die beiden riesigen Stahlzylinder sind die Polschuhe des Elekromagneten, zwischen denen sich die D-förmigen Elektroden befinden.

werden, daß sie selbst bei den schwersten Kernen Atomumwandlungen hervorzurufen imstande sind.

---

[4] Deuteron heißt der Kern des sogenannten schweren Wasserstoffatoms. Es besteht aus einem Proton und einem Neutron. Der schwere Wasserstoff, auch Deuterium (chemisches Zeichen D) genannt, besitzt also zum Unterschied vom gewöhnlichen Wasserstoff die Masse 2. Schweres Wasser (D_2O) kommt in der Natur vor; sein Verhältnis zum gewöhnlichen Wasser beträgt 1 : 5000.

Der bei weitem leistungsfähigste Apparat, der im Zuge dieser Entwicklung gebaut wurde, ist das *Zyklotron* (Abb. 1, Abb. 2). Es liefert die energiereichsten „Geschosse" für Atomumwandlungen und gleichzeitig auch die intensivsten Strahlen solcher bewegter Teilchen, so daß mit seiner Hilfe die größte Vielfalt an Kernreaktionen gewonnen wurde. Da das Zyklotron eines der wichtigsten Werkzeuge zur Herstellung künstlich radioaktiver Stoffe darstellt, soll ein kurzer Bericht über das Prinzip seiner Arbeitsweise gegeben werden.

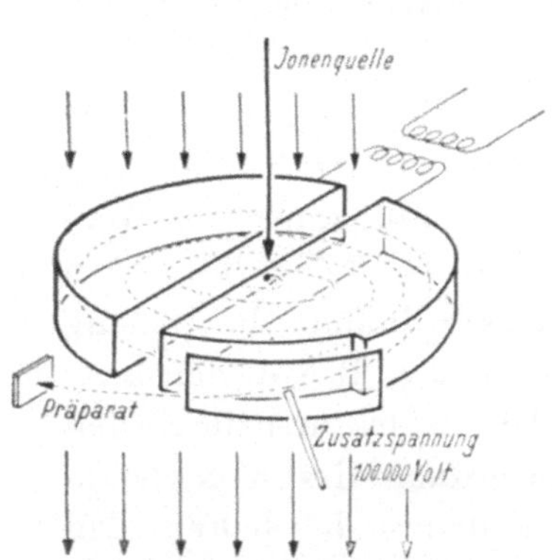

Abb. 3. Schematische Darstellung der beiden D-förmigen Elektroden.

Die senkrechten Pfeile deuten das Magnetfeld an. Die Bahn der Teilchen verläuft längs der strichliert gezeichneten Kurve.

Abb. 4. Ansicht der geöffneten Entladungskammer eines Zyklotrons.

In der Mitte sind die beiden D-Elektroden sichtbar. (Nach *Bouwers*.)

Auch hier werden geladene Teilchen zu größten Geschwindigkeiten beschleunigt, indem man sie ein elektrisches Feld durchlaufen läßt. Eine sinnreiche Einrichtung bewirkt es jedoch, daß die Teilchen sehr oft dasselbe Feld durchlaufen, wobei ihre Geschwindigkeit bei jedem Durchgang durch das Feld weiter vergrößert wird. Durch die Wirkung des elektrischen Feldes zweier halbkreisförmiger, schachtelartiger Elektroden (Abb. 3 und 4) und die Wirkung des magnetischen Feldes eines riesigen Elektromagneten, zwischen dessen Polschuhen sich die beiden Elektroden befinden, werden die geladenen Teilchen, die in der Mitte in die Anordnung eingebracht werden, gezwungen, sich auf einer flachen, spiralförmigen Bahn zu bewegen. Dabei müssen sie immer wieder den Schlitz zwischen den beiden „Schachtelhälften" passieren, zwischen denen das beschleunigende, elektrische Feld wirksam ist. An der Peripherie der Elektroden werden die Teilchen durch ein zusätzliches, elektrisches Feld aus ihrer Bahn abgelenkt und gegen das zu bestrahlende Präparat dirigiert. Es ist leicht einzusehen, daß auf diese Weise ein Strahl äußerst energiereicher Teilchen erzeugt werden kann, der imstande ist, in dem bestrahlten Material Kernumwandlungen hervorzurufen. In jüngster Zeit wurde ein neuer Apparat in Verwendung genommen, bei dem das Prinzip des Zyklotrons noch weiter verbessert und ausgebaut ist, das sogenannte *Synchrotons*[5]. Die hier erreichten Teilchenenergien betragen bereits einige hundert Millionen Elektron-Volt.

Außer den Kernreaktionen, die sich auf die beschriebene Art durch den Zusammenstoß *geladener* Teilchen großer Energie mit Atomkernen hervorrufen lassen, lieferte die Entdeckung der *Neutronen* durch *Chadwick* im Jahre 1932 eine große Reihe von neuen Kernprozessen. Für die ungeladenen Neutronen bildete die Ladung des Atomkernes keinen Widerstand. Sie können z. B. von den Kernen „eingefangen" werden, wodurch ein Isotop des ursprünglichen Atomkernes entsteht. Der innere Energiezustand des neuentstandenen Kernes ist jedoch in den meisten Fällen so beschaffen, daß der Kern früher oder später wieder zerfällt. Wir werden im sechsten Abschnitt noch mehr darüber erfahren.

Zum Schluß sei noch über die jüngste der großartigen Entdeckungen auf dem Gebiet der Kernphysik berichtet, die für unser heutiges Leben von so großer Bedeutung geworden ist. Es handelt sich um das Phänomen der *Uranspaltung*, dessen Entdeckung im Jahre 1939 dem deutschen Chemiker und Erforscher der Radioaktivität Otto *Hahn* gelang. Die wissenschaftliche Weiterentwicklung dieser Entdeckung führte schließlich zu der Erfindung der Atombombe und zur Auswertung der Atomenergie für technische Zwecke. Für die Wissenschaft stellt die Uranspaltung vor allem eine überaus ergiebige Quelle für künstlich radioaktive Substanzen dar. Wir wollen daher etwas mehr über die Uranspaltung berichten.

Das Element Uran besteht in der Natur aus drei Isotopen, welche

---

[5] Ein ähnlicher Apparat, der zur Beschleunigung von Elektronen dient, wird *Betatron* genannt.

die Massenzahlen 234, 235 und 238 besitzen und dem entsprechend ^{234}U, ^{235}U und ^{238}U genannt werden. ^{238}U ist das weitaus häufigste der drei Isotope, eine gegebene Menge Uran besteht zu mehr als 99 % aus ^{238}U. Von ^{235}U sind nur 0,72 % vorhanden, dennoch ist es gerade dieses seltene Uranisotop, welches in besonderem Maße die Eigenschaft der Spaltbarkeit zeigt: Bei Bestrahlung mit Neutronen geringer Geschwindigkeit zerfällt der Atomkern von ^{235}U in zwei Teile, die ihrerseits die Kerne zweier leichterer Elemente darstellen, also z. B. Barium (Ordnungszahl 56) und Krypton (Ordnungszahl 36), oder Lanthan (57) und Brom (35) u. a. m. Viele bei der Spaltung beobachteten Isotope entstehen nicht primär beim Spaltungsprozeß, sondern sind bereits wieder Zerfallsprodukte der ursprünglich entstandenen Spaltungsbruchstücke. Insgesamt wurden bisher ungefähr 300 Isotope der verschiedensten Elemente als Folgeprodukte der Spaltung aufgefunden[6]. Seine hervorragende technische Bedeutung erhält der Vorgang durch folgende Erscheinung: Es werden nämlich bei jeder Kernspaltung im Durchschnitt zwei bis drei Neutronen frei, die ihrerseits wieder Spaltungsprozesse hervorrufen können. Ihre Summe ist also größer als die Zahl der ursprünglich eingestrahlten Neutronen. Gelingt es nun, gewisse störende, da Neutronen verbrauchende Prozesse innerhalb des Uranblockes auszuschalten und die Form und Größe des Blockes so zu gestalten, daß die einmal entstandenen Neutronen den Block nicht zu schnell wieder verlassen können, dann werden sie von ^{235}U-Kernen eingefangen und führen so weitere Kernprozesse herbei, die ihrerseits wieder eine größere Anzahl Neutronen liefern usw. Man nennt diesen Vorgang eine *Kettenreaktion:* Wenige eingestrahlte Neutronen lösen weitere Neutronen aus, deren Anzahl lawinenartig anwächst. Die im Laufe dieser Vorgänge freiwerdende Energie, z. B. die kinetische Energie der bei der Spaltung auseinanderfliegenden Kernbruchstücke, wird letzten Endes in Wärmeenergie verwandelt, was zu einer starken Erwärmung des Blockes führt. Es bedarf einer besonderen Steuerungsvorrichtung, um die Geschwindigkeit, mit der diese Erwärmung vor sich geht, lenken zu können. Die Temperatur kann entweder innerhalb von Bruchteilen von Sekunden auf einige

---

[6] Der Leser wird hier vielleicht fragen, was bei diesem Prozeß mit den Elektronen der Atomhülle geschieht? Es ist jedenfalls so, daß die ursprünglich sehr stark ionisierten Bruchstücke bald die ihrer Ordnungszahl entsprechenden Elektronen eingefangen haben.

Millionen Grade anwachsen, dann erfolgt die Explosion des ganzen Blockes (Atombombe), oder der Temperaturanstieg wird durch die Steuerungsvorrichtung so stark verzögert, daß man Zeit hat, die entstandene Wärme abzuführen und sie für technische Zwecke, z. B. zum Betrieb von Dampfturbinen u. ä., nutzbar zu machen. Man unterscheidet heute drei Arten von *Uranbatterien:* Erstens Uranbatterien für militärische Zwecke, welche besonders zur Herstellung des transuranischen Elementes *Plutonium* geeignet sind. Dieses Element ist ein Folgeprodukt von ^{239}U, welches durch Neutroneneinfang aus dem natürlichen Uranisotop ^{238}U entsteht.

$$\ce{^{238}_{92}U} + \ce{^{1}_{0}n} \longrightarrow \ce{^{239}_{92}U} \xrightarrow{\beta} \ce{^{239}_{93}Np} \xrightarrow{\beta} \ce{^{239}_{94}Pu} \xrightarrow{\alpha} \ce{^{235}_{92}U}$$

Np = chemisches Zeichen für das ebenfalls neu entdeckte transuranische Element *Neptunium.*

Pu = chemisches Zeichen für *Plutonium.* Plutonium ist für Spaltprozesse ebenfalls sehr geeignet.

Zweitens Uranbatterien für kernphysikalische Untersuchungen. Hier wird das größte Gewicht auf die Herstellung radioaktiver Substanzen gelegt. Außer den beiden Bruchstücken des Urankernes, die meistens radioaktive Isotope liefern, werden hauptsächlich die aus dem Block herausgestreuten Neutronen als Strahlungsquelle für eine Reihe von Kernreaktionen benützt. Wegen der ungeheuren Anzahl der Neutronen, die im Uranblock infolge der Kettenreaktion entstehen, ist die Neutronendichte in unmittelbarer Umgebung des Blockes noch sehr groß. Die Uranbatterie stellt für Kernreaktionen, die durch Neutronen ausgelöst werden, eine bedeutend ergiebigere Strahlenquelle dar als selbst das Zyklotron. So betragen z. B. die durch die Clinton Laboratories zur Verteilung gelangten Mengen des radioaktiven Kohlenstoffisotops ^{14}C bereits das Hunderttausendfache der jemals mittels Zyklotron hergestellten Mengen dieses Isotopes[7]. Das hat sich auf die Preisgestaltung dieser Präparate günstig ausgewirkt. Die dritte, heute jedoch noch recht wenig entwickelte Gattung von Uranbatterien sind die Wärmegeneratoren. Doch ist gerade ihnen sicher noch eine große Zukunft beschieden.

---

[7] ^{14}C bedeutet Kohlenstoff mit der Masse 14.

6. Die künstliche Radioaktivität.

*Herstellung bisher unbekannter Isotope — Radiophosphor —
Positronen und K-Strahlung — Ionisierende Wirkung der
Strahlen — Ersatz für Radium*

Durch die im vorigen Abschnitt beschriebenen Methoden können
wir heute *jedes Element künstlich herstellen.* Jedoch ist bei
der Elementumwandlung der Aufwand an Apparaturen, sowie deren
Betriebskosten so enorm groß, die dabei entstehenden Mengen
der neuen Isotope hingegen so verschwindend klein, daß an eine
Elementerzeugung im alchimistischen Sinne keineswegs gedacht werden kann. Abgesehen von der Uranbatterie, mit deren Hilfe tatsächlich große und größte Mengen bestimmter Elemente aus Uran hergestellt werden können, liefern die verschiedenen Kernumwandlungs-
methoden nur *unwägbar kleine Mengen* künstlicher Substanz, die
jedoch unvergleichlich viel kostspieliger sind als dieselben natürlich auf der Erde vorkommenden Elemente. Die Alchimisten von
einst wären also trotz allem sehr enttäuscht gewesen, nicht zuletzt
durch die Tatsache, daß das Ausgangsmaterial zur Herstellung
künstlicher Goldisotope nicht etwa irgendein beliebiges, unedles
Metall ist, sondern das nicht minder kostbare Element Platin oder
Quecksilber. Die künstlich erzeugten Substanzen besitzen jedoch
eine Eigenschaft, die sie so wertvoll macht, daß der riesige Aufwand
für ihre Herstellung gerechtfertigt erscheint und die die Ursache war,
daß in den letzten 15 Jahren Hochspannungsanlagen und Zyklotrons
in großer Anzahl gebaut wurden. Diese Eigenschaft ist ihre *künstliche Radioaktivität.*

Betrachten wir die durch Atomumwandlung künstlich entstandenen Elemente, so zeigt es sich, daß meistens nicht die bekannten
Isotope der bekannten Elemente entstehen, sondern neue, instabile
Isotope: Der durch Bombardierung entstandene neue Kern ist, was
seine innere Energie betrifft, nicht im Gleichgewicht. Er zerfällt
unter Aussendung von Strahlung, ganz nach Art des Radiums und
seiner Zerfallsprodukte, in einen dritten Kern, dessen Energiever-
hältnisse dann meistens so günstig sind, daß kein weiterer Zerfall
mehr vorkommt. Betrachten wir ein Beispiel:

Künstlich radioaktiver Phosphor, der, wie wir später sehen werden, für biologische Untersuchungen eine besonders große Rolle spielt,
wird u. a. durch Neutronenbestrahlung von Schwefel gewonnen.

Das häufigste Isotop des Schwefels, ^{32}S (relative Häufigkeit 95,1 %), verwandelt sich durch Neutroneneinfang und Abgabe eines Protons in das in der Natur nicht vorkommende Phosphorisotop ^{32}P.

$$^{32}_{16}\text{S} + ^{1}_{0}\text{n} \longrightarrow ^{32}_{15}\text{P} + ^{1}_{1}\text{p}$$

Dabei bedeutet n Neutron und p Proton. Abgekürzt schreibt man den Vorgang ^{32}S (n, p) ^{32}P und spricht von einem Neutron-Proton-Prozeß.

^{32}P ist instabil. Er zerfällt mit einer Halbwertszeit von ungefähr 14 Tagen unter Aussendung eines β-Teilchens. Wie wir gehört haben, verliert ein Kern beim β-Zerfall zwar nichts von seiner Masse, seine Kernladungszahl nimmt jedoch um eine Einheit zu: $^{26}_{31}\text{P} \xrightarrow{\beta^{-}} {}^{32}_{15}\text{S}$. ^{32}P geht also wieder in ^{32}S über, von dem man ursprünglich ausgegangen war. Dieser Kern ist, wie wir wissen, stabil.

Der Vollständigkeit halber soll noch erwähnt werden, daß beim Zerfall künstlicher Substanzen außer den bereits von der natürlichen Radioaktivität her bekannten α-, β- und γ-Strahlen noch zwei weitere Strahlenarten vorkommen können. Es ist dies die *Positronen*-Strahlung[8] und eine ganz bestimmte Röntgenstrahlung, die als Begleiterscheinung beim sogenannten K-*Einfang* auftritt. In beiden Fällen nimmt die Kernladungszahl des Tochterkerns um eine Einheit ab, während die Masse unverändert bleibt. Ein bestimmtes Element wird also in seinen linken Nachbarn im periodischen System verwandelt.

Sämtliche bei Kernumwandlungen ausgesandte Strahlen besitzen die Fähigkeit, ihre Umgebung, insbesondere also die Luft, elektrisch leitend zu machen. Diese Eigenschaft gibt dem Wissenschaftler die Möglichkeit, die Strahlung nachzuweisen, ihre Intensität und ihr Durchdringungsvermögen zu messen. Letzteres ist ein Maß dafür, wieviel Energie die Strahlung mit sich führt. Jeder radioaktive Zerfall besitzt eine für das betreffende Element, bzw. Isotop charakteristische Strahlung. Die bei einem bestimmten Zerfall freiwerdende Energie ist für jedes zerfallende Atom des betreffenden Isotops konstant. Auf diese Weise kann die auftretende Strahlung zur Identifizierung eines bestimmten Kernprozesses herangezogen werden. Die Messung der Strahlung erfolgt mit Hilfe eines Elektroskops

---

[8] Positronen sind Elementarteilchen von der gleichen Masse wie die Elektronen, ihre Ladung beträgt jedoch ein „*positives*" Elementarquantum. Sie wurde im Jahre 1932 in der Höhenstrahlung erstmalig aufgefunden.

oder eines Elektrometers, am häufigsten jedoch mit dem nach seinen Erfindern benannten „*Geiger-Müller-Zählrohr*". Ein Zählrohr ist ein kleiner elektrischer Apparat von großer Feinheit, jedoch einfach zu handhaben, mit dessen Hilfe es möglich ist, einzelne, von einer Substanz ausgesandte Strahlen zu registrieren.

Auf ihrem Ionisierungsvermögen beruht auch die Eigenschaft der radioaktiven Strahlen, Schwärzungen auf der photographischen Platte hervorzurufen. Die radioaktive Substanz vermag sich sozusagen selbst zu photographieren, eine Fähigkeit, die, wie wir noch sehen werden, häufig für den Nachweis radioaktiver Stoffe im Organismus benützt wird.

Obwohl die künstliche Radioaktivität erst im Jahre 1934 von dem Physiker-Ehepaar *Joliot-Curie* entdeckt worden ist, so hat sie doch in kürzester Zeit eine sehr große Bedeutung für die Wissenschaft und auch für unser tägliches Leben gewonnen. Es ist heute bereits eine sehr große Zahl von Verwendungsmöglichkeiten für künstliche Atomarten bekannt und die Größe ihres zukünftigen Anwendungsbereiches läßt sich jetzt noch gar nicht voraussagen. Es sind vor allem zwei verschiedene Verwendungsarten, die sich für die künstlich erzeugten radioaktiven Substanzen ergeben: Erstens können sie als Ersatz für Radium, Mesothorium und andere natürliche, radioaktive Stoffe dienen, welche bisher in Medizin und Technik (z. B. Leuchtfarbenindustrie, Materialprüfungen u. a. m.) Verwendung fanden. Radio-Cobalt, z. B., das bei der Atombombenerzeugung in größeren Mengen entsteht, besitzt eine fast ebenso starke γ-Strahlung wie Radium selbst und hat auch eine durchaus bequeme Halbwertszeit von 5,3 Jahren. Es könnte sehr gut und viel billiger an Stelle von Radium verwendet werden. Ihre große Bedeutung gewannen die künstlichen, aktiven Stoffe jedoch durch ihre Verwendbarkeit als *Indikatoren*. Davon soll unser nächster Abschnitt berichten.

7. Radioaktive Indikatoren.

1,08 × 10^{19} Atome in einem Gramm Eisen — radioaktive Markierung — Szillard-Chalmers-Methode — Verwendbarkeit für verschiedene naturwissenschaftliche Probleme.

Lord *Kelvin*, ein im 19. Jahrhundert lebender Physiker, führte einmal ein Beispiel an, welches die Kleinheit der Atome und ihre gigantische Anzahl, selbst in unwägbar kleinen Substanzmengen[9], anschaulich vor Augen führen sollte:

„Angenommen, wir wären imstande, alle Moleküle in einem Glas Wasser markieren zu können, und schütteten dann dieses Glas in den Ozean, rührten diesen so lange um, bis unsere markierten Moleküle gleichmäßig über alle sieben Meere verteilt wären, und schöpften an irgendeiner Stelle des Ozeans wieder ein Glas voll heraus, dann würden wir in diesem Glase ungefähr hundert der markierten Moleküle wiederfinden." Die Anzahl der Gläser, die den gesamten Ozean füllen würden, ist also immer noch hundertmal kleiner als die Anzahl der Wassermoleküle in einem einzigen Glas!

Die Markierung der Moleküle war zu Lord *Kelvins* Zeiten noch ein reines Gedankenexperiment, ohne jede Chance, jemals verwirklicht zu werden. *Die künstliche Radioaktivität bietet uns nun heute die Möglichkeit, die Moleküle tatsächlich zu markieren.* Der Vorgang zur Kennzeichnung der einzelnen Atome ist nun etwa der folgende:

Man fügt winzige Spuren des radioaktiven Isotops eines Elementes zu den gewöhnlichen stabilen Isotopen desselben Elementes. Da sich alle Isotope chemisch völlig gleichartig verhalten, hat die Anwesenheit des aktiven Isotops keinen Einfluß auf irgendwelche chemischen Vorgänge. Die Isotopenmischung kann zu jedem beliebigen chemischen Prozeß unterschiedslos verwendet werden. Die Strahlung bietet eine bequeme Nachweismöglichkeit für das betreffende Element auf physikalischem Wege, besonders dann, wenn der chemische Nachweis schwierig oder undurchführbar ist.

Ein einziger Unterschied im chemischen Verhalten des stabilen und des aktiven Isotops desselben Elementes kann insofern auftreten, als das aktive Atom durch den Kernprozeß, dem es seine Entstehung verdankt, einen Rückstoß erleidet und aus dem Molekülverband herausgerissen wird, was insbesondere dann leicht eintritt, wenn es sich um ein großes organisches Molekül handelt. Das ausgeschleuderte Atom bleibt dann wahrscheinlich auch in ionisiertem Zustande zurück und Ionen und elektrisch neutrale Atome verhal-

---

[9] So besteht zum Beispiel ein Milligramm Eisen aus 10,800.000,000.000,000.000 $(1,08 \times 10^{19})$ Atomen!

ten sich bekanntlich verschieden. Dieser Umstand wird tatsächlich bei der Methode von *Szillard* und *Chalmers* zur Trennung von aktiver und nicht aktiver Substanz ausgenützt, in Fällen, in denen man aktives Material möglichst unbelastet aus inaktivem zu gewinnen wünscht.

Die von den aktiven Atomen ausgesandte Strahlung macht es nun möglich, Spuren von Elementen nachzuweisen, die weit kleiner sind als die kleinsten Mengen, die man bisher mit den feinsten Methoden der analytischen Chemie oder der Spektralanalyse nachweisen konnte. Da man mit dem Zählrohr den Zerfall einiger weniger Atome pro Minute bereits feststellen kann, genügt unter Umständen das Vorhandensein von einigen hundert bis einigen tausend Atomen eines Elementes, um dessen Anwesenheit bereits zu verraten. Wir müssen uns nur an den Ausspruch Lord Kelvins erinnern, um zu erfassen, welche ungeheure Meßgenauigkeit dadurch erreicht wird!

Es war aber nicht allein die analytische Chemie, die aus den großen kernphysikalischen Entdeckungen Gewinn zog. Die Möglichkeit, zwischen den Atomen desselben Elementes unterscheiden zu können, eröffnete eine Reihe von neuen Gebieten, die bisher der Beobachtung völlig unzugänglich waren. So gelang es u. a. in der physikalischen Chemie die jahrelange Kontroverse bezüglich der von Arrhenius aufgestellten Hypothese über die elektrolytische Dissoziation[10] zu beenden, indem man die Lösungen zweier Bleisalze, von denen nur das eine radioaktives Blei enthielt, mischte und nach erfolgter Rekristallisation, die gleichmäßige Verteilung des Radiobleis in beiden Salzen nachwies. Man konnte die Gültigkeit verschiedener Gesetze, z. B. die Nernstsche Gleichung, bei sehr kleinen, bisher unbeobachtbaren Konzentrationen überprüfen, die früher nur durch Extrapolation aus Resultaten bei größeren Konzentrationen abgeleitet werden konnten. Man ist nun in der Lage, Austauschvorgänge zwischen Atomen oder Molekülen unter Gleichgewichtsbedingungen studieren zu können, Eigendiffusion und Absorptionsvorgänge. Was die radioaktiven Indikatoren u. a. für die Metallurgie ungeheuer wichtig macht. Unzählige Probleme in Wissenschaft und Technik finden mit ihrer Hilfe ihre Lösung. Die

---

[10] Unter elektrolytischer Dissoziation versteht man die Aufspaltung der Moleküle eines gelösten Stoffes in positiv und negativ geladene Ionen.

Gebiete, in denen die neue Methode jedoch besonders schnell Anklang fand und die mit der Zahl der Arbeiten, die unter Verwendung radioaktiver Indikatoren durchgeführt wurden, an der Spitze stehen, sind Biologie und Medizin. Und damit sind wir nun bei dem eigentlichen Thema des Buches angelangt.

8. Eignung der radioaktiven Indikatoren für biologische Untersuchungen.

Verfeinerte Stoffwechselstudien — neue dynamische Physiologische Chemie — geeignete Indikatoren — Versuchsbedingungen durch Strahlung nicht gestört.

Biochemie und Physiologie sind die unmittelbaren Anwendungsgebiete der neuen Methode. Hat man doch besonders hier das Verlangen über das Schicksal kleinster Menge einer Substanz im Organismus Aufklärung zu erhalten. Wo die Möglichkeiten der chemischen Analyse bereits längst erschöpft sind, beginnt das Reich der radioaktiven Indikatoren. Es erstreckt sich von Versuchen an Viren und Bakterien über das Tier- und Pflanzenreich bis zu den kompliziertesten Untersuchungen in der Humanbiologie. Eine Reihe von Problemen, wie z. B. die Frage nach der Durchlässigkeit der Zellwand für bestimmte Stoffe, die Geschwindigkeit der Resorption oder der Ausscheidung, Ort der Entstehung gewisser, wichtiger organischer Verbindungen, u. a. m. konnten mit Hilfe radioaktiver Indikatoren gelöst werden.

Jeder Fortschritt der Kenntnis des Stoffwechsels und Zwischenstoffwechsels im Organismus bedeutet einen Fortschritt der allgemeinen biologischen Erkenntnis. Das bedeutet aber wieder praktisch, daß der Medizin wichtige Fingerzeige zu Verbesserungen in der Therapie gegeben werden können. Um die Stoffwechselvorgänge irgendeines Elementes zu studieren, muß man jetzt nicht mehr dieses Element dem Organismus in größeren Mengen zuführen und sich damit in die Gefahr begeben, abnormale Verhältnisse hervorzurufen und die Richtigkeit der Ergebnisse zu beeinträchtigen. Es genügt, das betreffende Element markiert in der gewohnten Menge mit der Nahrung, oder in üblichen, therapeutischen Dosen zu verabreichen. Die Strahlung verrät uns alles über den Verbleib der betreffenden Substanz. Es war bisher nicht möglich, zwischen Atomen und Molekülen eines dem Körper zugeführten Stoffes und dem im Körper bereits früher vorhandenen Molekülen desselben Stoffes zu unterscheiden. Z. B. ruft eine gesteigerte Phosphorzufuhr auch eine gesteigerte Phosphorausscheidung in den Exkrementen hervor. Der ausgeschiedene Phosphor setzt sich zum Teil aus dem im Körper vorhandenen, zum Teil aus dem neu aufgenommenen zusammen. Ohne die Markierungsmethode wüßten wir nichts über den Ursprung des ausgeschiedenen Phosphors.

Radioaktive Indikatoren verhalfen uns auch zu einer neuen Vorstellung von dem dynamischen Zustand der chemischen Verbindungen in unserem Organismus. Der neueren Medizin war zwar die Tatsache bekannt, daß sich im Körper ein ständiger Materialaustausch vollzieht. Aus dem Nachwachsen der Haare und Nägel, dem Abgestoßen- und Neugebildetwerden der Haut, der ab- und aufbauenden Tätigkeit gewisser Zellen des Knochens (Osteoklasten und Osteoblasten), dem Verbrauch und der Neuentstehung des Blutes u. a. m., war deutlich die Tendenz zu erkennen, daß Körperzellen verbraucht und wieder neu gebildet werden. Auch gewisse organische Verbindungen im Organismus zeigten dasselbe Verhalten. So ließen z. B. die Vorstellungen über die energieliefernden chemischen Vorgänge im Körper etwa der Phosphorsäureester-Glykogen-Milchsäurezyklus, oder aber die Sauerstoff- und Kohlensäureaufnahme und -abgabe im Blut u. ä. auf einen ständigen Zerfall und Neuaufbau bestimmter organischer Verbindungen schließen. Mit Hilfe der radioaktiven Indikatoren gelang es bereits viele dieser Vorgänge näher zu studieren und es zeigte sich, daß das Prinzip des dauernden Zerfallens und Wiederentstehens im Organismus in einem viel höheren Maße vorherrscht, als bisher bekannt war. Viele Verbindungen, die man früher für beständiger hielt, sind diesem Wechsel unterworfen.

Nicht jedes auf künstlichem Wege hergestellte radioaktive Isotop ist als Indikator für biologische Untersuchungen geeignet. Es müssen vor allem zwei Bedingungen erfüllt sein: Erstens muß die Halbwertszeit den biologischen Versuchsbedingungen angepaßt sein. Sie darf nicht zu kurz sein, da sonst die markierten Atome bereits „abgestorben" sind, das heißt, sie sind in ihre meistens stabilen Folgeprodukte übergegangen und das Präparat hat seine Aktivität verloren. Sie darf aber auch nicht zu lang sein, denn erstens ist eine lange Halbwertszeit immer mit einer geringen Aktivität verbunden, was den Nachweis des Radioelementes sehr erschweren kann, zweitens muß man, besonders bei Versuchen am lebenden Objekt, darauf achten, daß der Organismus nicht zu lange Strahlung erhält, die ihm unter Umständen schaden könnten.

Die zweite, für die Verwendbarkeit eines Radioelementes unerläßliche Eigenschaft ist ein gewisses Durchdringungsvermögen der von ihm ausgesandten radioaktiven Strahlung, da sich sonst Schwierigkeiten bei der Messung der Strahlen ergeben. So sendet z. B. das Kohlenstoffisotop ^{14}C nur eine sehr weiche β-Strahlung aus, was die Verwendung dieses Isotops für biologische Untersuchungen lange Zeit verhinderte. Da aber gerade Kohlenstoff in der Biochemie eine sehr wichtige Rolle spielt und überdies auch die übrigen bisher bekannten Kohlenstoffisotope technisch recht schwierig zu handhaben sind, so wurde in den letzten Jahren eine neue Meßtechnik entwickelt, die sich bereits bei vielen Versuchen gut bewährt hat. Es wird hier nicht, so wie in den übrigen Fällen, das Zählrohr nahe an das strahlende Präparat herangebracht, so daß die Strahlung zuerst die Zählrohrwand zu durchsetzen hat, um registriert zu werden, sondern die radioaktive Probe wird innen in das Zählrohr eingebracht. Handelt es sich um eine gasförmige Kohlenstoffverbindung, insbesondere also CO_2, dann ist diese Methode besonders bequem, da in diesem Fall das radioaktive Gas dem Füllgas des Zählrohrs beigemengt werden kann.

Zum Überblick ist am Ende des Buches eine Liste jener Isotope angeführt, die bereits mit Erfolg für biologische Untersuchungen verwendet werden konnten (Tab. 6).

Es erscheint wichtig, an dieser Stelle darauf hinzuweisen, daß radioaktive Strahlung bei hinreichender Intensität imstande ist, chemische und physiologische Veränderungen im Gewebe hervorzurufen. Die Grundforderung für die Verwendung von radioaktiven Indikatoren ist jedoch, daß sich die künstlichen Isotope von den natürlichen, stabilen nur durch ihre Eigenschaft der Radioaktivität unterscheiden und daß die chemischen und physiologischen Wirkungen der beiden Formen desselben Elementes vollkommen identisch sind. Diese Bedingung ist aber ohne weiteres zu erfüllen, da es für den Nachweis genügt, wenn ein aktives Atom unter ein paar Millionen inaktiven vorkommt. Die für Indikatorenzwecke verwendeten Strahlendosen sind also nicht stark genug, um im Gewebe Veränderungen oder gar Schädigungen hervorzurufen.

9. Historische Entwicklung der Indikatorenmethode.

*Wandernde Bleiatome — erste Versuche mit Radiophosphor —
Verweildauer des Phosphoratoms im Körper.*

Der Begründer und Pionier der Methode der Radioindikatoren
ist der ungarische, derzeit in Skandinavien arbeitende Physiko-
chemiker Georg *von Hevesy*. Bei seinen ersten Versuchen auf
diesem Gebiete verwendete er die Bleiisotope Radium E und
Thorium B, die als Zwischenzerfallsprodukte der natürlichen, radioaktiven Familien in der Natur vorkommen[11]. Er fügte geringe Mengen davon in Form von Bleinitrat [Pb (NO$_3$)$_2$] der Nährlösung von
Pflanzen bei und studierte an Hand der β-Strahlung der betreffenden Substanzen die Absorption und Verteilung von Blei in der
Pflanze. Er konnte auch damals schon zeigen, daß Stoffe, die die
Pflanze mit Hilfe der Wurzeln aufnimmt, nicht in irgendeinem Teil
der Pflanze abgelagert werden und dort verbleiben, sondern daß
auch hier ein reger Austausch stattfindet. Neu aufgenommene Stoffe
verdrängen die ursprünglich vorhandenen, die Atome können die
ganze Pflanze durchwandern und schließlich sogar durch die Wurzel wieder abgegeben werden. Die Versuche wurden folgendermaßen
ausgeführt: Vicia-faba-Pflanzen (Pferdebohne) wurden in einer Nährlösung gezogen, die Radioblei enthielt. Nachdem die Pflanzen genügend Blei aufgenommen hatten, wurde die Nährlösung durch eine
andere ersetzt, die nur inaktives Blei enthielt. Nach einiger Zeit
konnte ein Teil der Aktivität, die sich ursprünglich in der Pflanze
befunden hatte, in der Lösung nachgewiesen werden.

Blei ist jedoch ein dem Organismus fremdes Element, so daß die
Zahl der Versuche, die damit ausgeführt werden können, äußerst
beschränkt ist. Es wurden auch mit anderen natürlich radioaktiven
Stoffen Versuche angestellt, die methodisch schöne Resultate liefer-
ten (vergleiche Abb. 5), doch besitzen sie vom biologischen Standpunkt geringes Interesse. Die Entdeckung der künstlichen Radioaktivität kam daher wie gerufen, denn nun war die Möglichkeit vorhanden, körpereigene Substanzen zu studieren. Hevesy und seine
Mitarbeiter unternahmen nun als erstes die Untersuchung des Phosphorstoffwechsels bei Ratten, mit Hilfe von Radiophosphor. Es folgte
eine große Reihe weiterer Untersuchungen mit Radiophosphor und

---

[11] Vgl. Tafel der natürlichen radioaktiven Familien im Anhang.

anderen Radioelementen. Hevesy erhielt für seine Verdienste um die Begründung und Entwicklung der Methode der radioaktiven Indikatoren den Nobelpreis. Das Gebiet fand allgemein größtes Interesse unter den Wissenschaftlern, was sich in der heute bereits kaum mehr überblickbaren Zahl von Arbeiten äußert, die unter Verwendung der neuen Methode durchgeführt wurden.

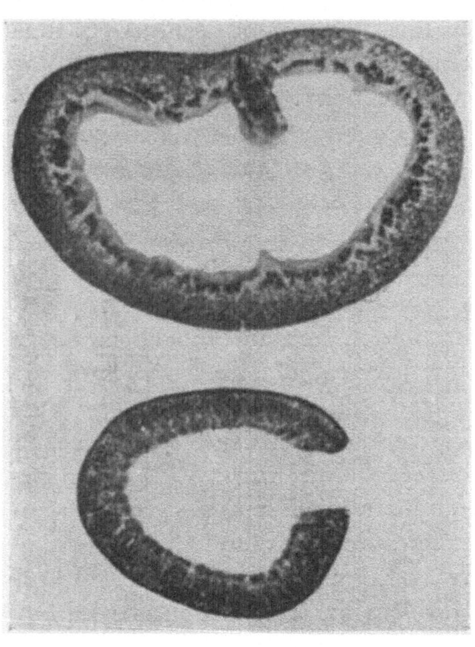

Abb. 5. Autoradiographie eines Schnittes durch die Niere eines Kaninchens, dem eine Poloniumlösung injiziert worden war. (*Lacassagne* und *Lattés*, aus Mme *Curie:* „Radioactivité".)

Man begann zunächst in Tier- und Pflanzenversuchen, aber auch am menschlichen Körper, Elemente, die im Stoffwechsel eine Rolle spielen und für den Aufbau des Organismus besonders interessant waren, in markierter Form dem Organismus zuzuführen, und untersuchte dann, wo und in welcher Weise die betreffenden Elemente abgelagert, bzw. durch welches Organ und in welchen Mengen die Stoffe wieder ausgeschieden wurden. Es gibt vor allem drei Wege, auf denen man versuchen kann, ein biologisches Problem durch Markierung der dabei in Anwendung kommenden Substanzen zu lösen. Kommt es darauf an, daß der Versuch unter Bedingungen durchgeführt wird, die vom Normalzustand des Organismus wenig oder gar nicht abweichen, dann bilden die γ-strahlenden Substanzen ein geeignetes Werkzeug. Die γ-Strahlen sind hart genug, um aus der Tiefe des Körpers zu dringen, und können mit einem außen am Körper angelegten Zählrohr gemessen werden. Da diese Versuche „in vivo" eine besonders wichtige Rolle spielen, wollen wir sie weiter unten in einem eigenen Kapitel genauer besprechen.

Ist man in der Lage Mikrotomschnitte von dem zu untersuchenden Gewebe zu machen, oder handelt es sich etwa um Versuche an

Pflanzenblättern u. ä., dann kann die Methode der *Radiographie* mit großem Erfolge angewandt werden. Auch davon werden wir später noch ausführlicher hören.

Die einfachste und bisher am häufigsten verwendete Methode ist jedoch die folgende: Nachdem das betreffende Element in Form einer unschädlichen, anorganischen Verbindung von Pflanze oder Tierkörper aufgenommen worden ist, nimmt man in verschiedenen Zeitabständen Proben von Organen oder Pflanzenteilen, Blut, bzw. Pflanzensaft, Rückenmarksflüssigkeit, Exkremente usw. Man bestimmt ihr Gewicht und, nachdem sie verascht worden sind, das Maß ihrer Radioaktivität, das heißt, man zählt die Anzahl der Teilchen, die pro Gramm der untersuchten Substanz pro Minute ausgesendet werden. Aus dem bekannten Verhältnis zwischen aktiver und inaktiver Substanz des ursprünglich verabreichten Materials und der im untersuchten Material aufgefundenen Aktivitätsmenge läßt sich der prozentuelle Anteil des betreffenden Elementes im Untersuchungsmaterial berechnen, bzw. die Verweildauer eines bestimmten Stoffes im Gewebe feststellen. Will man etwa über den Aufbau einer ganz bestimmten Verbindung im Körper Aufschluß erhalten, beispielsweise über den Aufbau organischer Phosphatide aus anorganischen Phosphaten, dann isoliert man die betreffende Verbindung vor der Veraschung und bestimmt hierauf ihre Aktivität. Aus der Menge des aufgefundenen Radiophosphors kann man dann die gewünschten Rückschlüsse ziehen.

Um dem Leser das Verfahren und die Schlußweise aus den so gewonnenen Resultaten möglichst anschaulich vor Augen zu führen, sollen die ersten Versuche Hevesys, die unter Benützung von Radiophosphor durchgeführt wurden, etwas ausführlicher besprochen werden[12]. Er verwendete Natriumbiphosphat ($Na_2HP^*O_4$)[13], das etwas Radiophosphor enthielt. Davon verfütterte er einige Milligramm an eine Anzahl von Ratten. Die Tiere wurden 22 Tage nach Verabreichung des markierten Phosphats getötet und die Aktivität der einzelnen Organe wurde bestimmt. Außerdem wurde der Radiophosphorgehalt der Exkremente bis zum Zeitpunkt der Tötung genauestens festgestellt. Auf diese Weise war es möglich, über das Schicksal einer ganz bestimmten Phosphatdosis genaue Kenntnis zu

---

[12] *G. Hevesy* und *O. Chiewitz*, Nature, *136*, 754, 1935.

[13] Der Stern (*) neben dem chemischen Zeichen eines Elementes bedeutet, daß ein künstlich aktives Isotop vorliegt.

erhalten. Die folgende Tab. 1 zeigt die Phosphorverteilung in den verschiedenen Organen der Ratte.

Tab. 1. Verteilung des aktiven Phosphors im Rattenkörper.

	% der Gesamtaktivität	% pro Gramm Gewebssubstanz
Urin	26,3	—
Faeces	31,8	—
Hirn und Rückenmark .	0,5	14,7
Milz und Nieren	0,2	18,2
Leber	1,7	13,9
Blut	0,4	1,8
Knochen	24,8	2,8
Muskeln und Fett......	17,4	7,4

Phosphor ist ein für den Körper äußerst wichtiges Element, das jedoch einem dauernden Abbau unterliegt und daher mit der Nahrung ständig neu zugeführt werden muß. Eine Versuchsreihe Hevesys, bei der die Ratten nicht getötet, sondern nur die Aktivitäten ihrer Ausscheidungen vier Wochen lang gemessen wurden, ergab folgen-

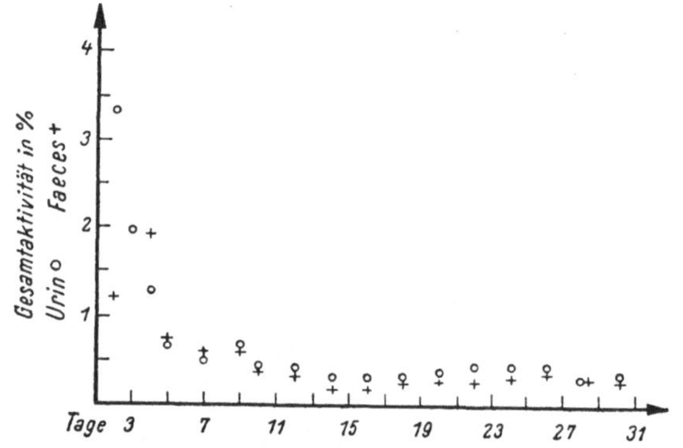

Abb. 6. Verlauf der Aktivität der Exkremente einer Ratte, welche Radiophosphor erhalten hatte.
Die Werte für den 1. Tag nach der Phosphoraufnahme betrugen 7,4 % für Faeces und 5 % für Urin. (Nach *Hevesy* und *Chievitz*.)

des interessante Resultat: Die Aktivität der Exkremente (Urin und Faeces in gleicher Weise) nahm in den ersten Tagen stark ab und ergab überhaupt sehr schwankende Werte (Abb. 6). Es handelt sich hier um Phosphormengen, die ihren Weg durch den Verdauungstrakt des Tieres nahmen und vom Organismus nicht weiter aufgenommen wurden. Vom zirka zehnten Tage an zeigen die Ausscheidungen jedoch eine konstantbleibende, kleine Aktivität. Sie stammt offensichtlich von den Abbauprodukten des Organismus: Der vom Darm resorbierte Phosphor gelangt über den Blutweg an verschiedene phosphorbedürftige Stellen im Körper. Er wird nach und nach durch neuen, in unserem Falle inaktiven, Phosphor ersetzt, der ständig mit der natürlichen Nahrung bezogen wird. Der auf diese Weise freiwerdende Phosphor wird ausgeschieden, wie die Aktivität der Exkremente beweist. Auf diese Weise war es erstmalig möglich, die durchschnittliche Verweildauer eines Phosphoratoms im Körper zu messen. Sie beträgt bei einer normal ernährten Ratte ungefähr zwei Monate.

10. Untersuchungen „in vivo", die mit Hilfe radioaktiver Indikatoren durchgeführt wurden.

Resorptionsgeschwindigkeit verschiedener Alkalien und Halogene — Jodspeicherung in der Schilddrüse — Jod in der erkrankten Schilddrüse.

In vivo heißt eine Untersuchung bekanntlich dann, wenn sie am lebenden Objekt durchgeführt wird. Der Organismus befindet sich dabei möglichst in seinem Normalzustand. Wie schon erwähnt, können γ-strahlende Substanzen sehr gut für in-vivo-Untersuchungen benützt werden. Man bedient sich dieser Methode besonders bei Versuchen am Menschen, da hier eine Schädigung unbedingt vermieden werden muß und diese Methode sich ohne störenden Eingriff leicht durchführen läßt. Voraussetzung dieser Anwendung ist, daß das verwendete Radioelement ein γ-Strahler ist und eine Strahlung von genügender Durchdringungskraft (Härte) besitzt, damit an der Oberfläche des Körpers die Strahlung mit dem Zählrohr festgestellt werden kann. β- und α-Strahlen (letztere kommen bei künstlich aktiven Isotopen kaum vor) werden im Gewebe sehr rasch absorbiert und sind daher an der Oberfläche nicht mehr nachweisbar. Solche Strahler werden bei Versuchen in vitro verwendet.

Die ersten Versuche in dieser Richtung bestanden darin, daß man verschiedene Radioelemente, Na*, K*, Cl*, Br* und J* je acht gesunden Versuchspersonen oral (d. h. durch den Mund) eingab. Die Versuchsperson hielt ein Zählrohr fest in der Hand, und Hand sowie

Unterarm waren von einem dicken Bleipanzer umgeben, der die Strahlung des übrigen Körpers vom Zählrohr abhalten sollte

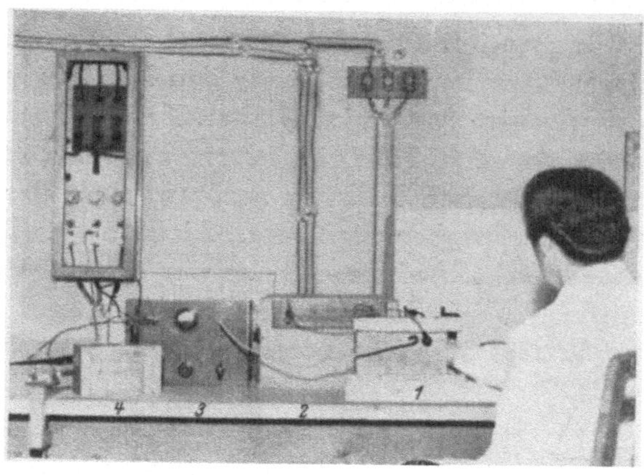

Abb. 7. Einfache Zählrohranordnung.
1 Bleipanzer, in dem sich das Zählrohr befindet. *2* Kleine Hochspannungsanlage, die die Spannung am Zählrohr liefert. *3* Verstärker. *4* Registrierapparatur.
Zur Messung gelangt die γ-Strahlung, die von der Hand der Versuchsperson ausgesandt wird.

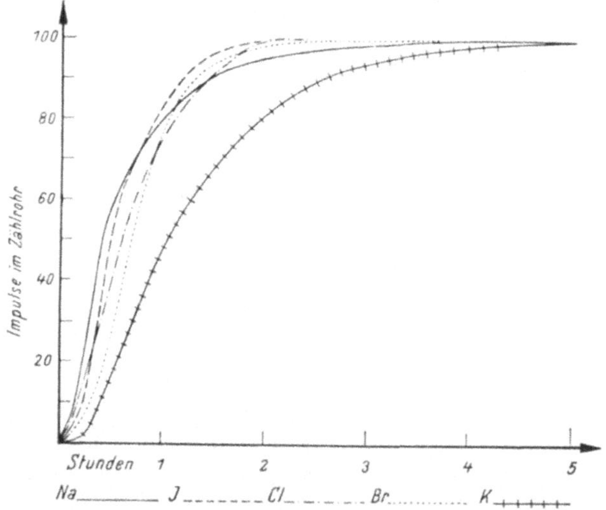

Abb. 8. Resorption im Verdauungstrakt von Natrium, Kalium, Chlor, Brom und Jod beim gesunden Menschen. (Nach *J. Hamilton.*)

(Abb. 7). Auf diese Weise gelangt nur die Strahlung derjenigen Stoffe zur Messung, die auf dem Blutwege die Hand der Versuchsperson erreicht hatte. Das Zählrohr zeigte einen Anstieg der Aktivität je nach der Geschwindigkeit, mit der das betreffende Radioelement vom Verdauungstrakt in das Blut überging (Abb. 8). Mit Ausnahme von Natrium und Kalium, deren Absorption langsamer vor sich geht, ist das Maximum der Aktivität für die verwendeten Stoffe ungefähr nach zwei Stunden erreicht, das ist also die Zeit, in der das betreffende Element ganz in das Blut übergegangen ist.

Am geeignetsten für Versuche in vivo zeigte sich bisher das Jodisotop[131]. Es besitzt eine genügend starke γ-Strahlung und eine für biologische Versuche sehr günstige Halbwertszeit von acht Tagen. Der menschliche Körper hat die Eigenschaft, Jod, besonders in der Schilddrüse, zu speichern, wo es zum Aufbau des wichtigen Hormones Thyroxin verwendet wird. Thyroxin regelt den Verlauf verschiedener Lebensvorgänge. Sein Fehlen verursacht eine starke Erniedrigung der Sauerstoffaufnahme des Körpers und eine allgemeine Herabsetzung des Stoff-

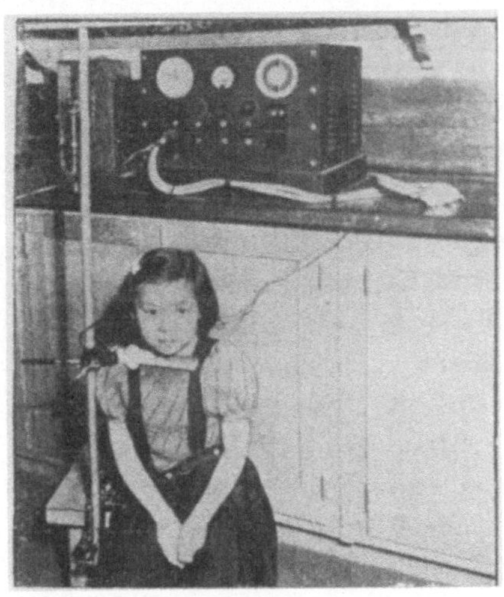

Abb. 9. Apparatur zur Messung der Radiojodaufnahme in situ.
(Nach *J. Hamilton*.)

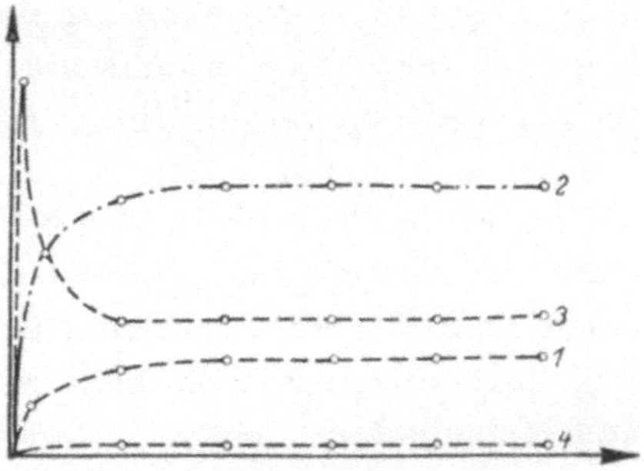

Abb. 10. Jodaufnahme der Schilddrüse.
1 bei normal funktionierender Schilddrüse; *2* bei ungiftigem Kropf; *3* bei Basedow; *4* bei Schilddrüsenunterfunktion.
(Nach *Hamilton* und *Soley*.)

wechsels. Bildet die Schilddrüse zu viel Thyroxin, dann ist die Sauerstoffaufnahme übermäßig gesteigert und die Verbrennung im Körper geht schneller vor sich, als die Ersatzstoffe durch die Nahrung wieder zugeführt werden können. Der Körper „verbraucht" sich also rascher. Der Jodgehalt der normalen Schilddrüse beträgt einige Milligramm, das sind einige Promille ihres Gesamtgewichtes. Der Jodgehalt des übrigen Körpers ist, pro Gramm Gewebe gerechnet, einige tausendmal kleiner als der Jodgehalt der Schilddrüse. Daraus ergibt sich eine besonders einfache Versuchsanordnung: Das Zählrohr wird außen am Halse der Versuchspersonen oder des Versuchstieres befestigt (Abb. 9). Man konnte auf diese Weise feststellen, daß ein großer Teil des verabreichten Radiojods bereits wenige Minuten nach der Aufnahme in der Schilddrüse abgelagert war.

Diese Methode eignet sich besonders gut zur Erforschung von Schilddrüsenleiden, da die Fähigkeit der Schilddrüse, Jod zu speichern, sehr von ihrer Beschaffenheit abhängt. (Abb. 10.) Kurve 1 in der Abbildung zeigt uns das Verhalten einer gesunden Schilddrüse: Das verabreichte Jod wird rasch aufgenommen und in der Drüse festgehalten, denn die Aktivität zeigt einen vollkommen konstanten Wert während des Verlaufes von einigen Tagen[14]. Kurve 2 zeigt die Jodaufnahme bei gewöhnlichem Kropf, z. B. Knotenkropf. Die vergrößerte Schilddrüse nimmt viel mehr Jod auf als im Normalfall und vermag dieses auch festzuhalten, da auch hier der Verlauf der Aktivität während mehrerer Tage konstant bleibt. Anders ist das beim sogenannten „Giftkropf" (Basedow), wie Kurve 3 zeigt. Hier nimmt die Schilddrüse zwar anfänglich einen großen Teil des verabreichten Jods in sich auf, gibt es aber im Verlauf des ersten Tages in einer für den Körper giftigen Form wieder in das Blut ab, wodurch die für den Basedow charakteristischen Krankheitssymptome hervorgerufen werden. Kurve 4 zeigt einen Fall von Schilddrüseninsuffizienz ohne Kropf. Die Drüse vermag nur einen winzigen Teil des verabreichten Jods aufzunehmen und festzuhalten.

Ein weiteres wichtiges Ergebnis dieser Untersuchungen war die Erkenntnis, daß die normale Schilddrüse nur eine ganz bestimmte Menge Jod zu speichern vermag. Wurde Jod einmal in ausreichender Menge aufgenommen, dann läßt jede weitere Joddosis die Schilddrüse unbeeinflußt und das überschüssige Jod wird ausgeschieden. Eine weitere wichtige Anwendungsart von Radiojod werden wir im nächsten Kapitel kennenlernen.

---

[14] Die tatsächlich gemessenen Werte zeigen selbstverständlich einen gewissen Abfall der Aktivität, der durch den radioaktiven Zerfall von ^{131}J hervorgerufen wird. Jedoch läßt sich dieser leicht berechnen, die obigen Kurven sind dementsprechend korrigiert.

11. Die Methode der Radiographie.

Radiophosphor in der Pflanze — Verwendung von Radiokalium — Wirkung von LOST und Senfgas — Radiophosphor und Radiostrontium im Organismus.

Diese Methode benützt die Fähigkeit radioaktiver Strahlen, photographische Platten und Filme zu schwärzen. Man bereitet dünne Schnitte (Mikrotomschnitte) von Geweben, die radioaktive Substanzen aufgenommen haben, legt sie auf die photographische Platte und läßt sie einige Zeit exponieren. Die hierauf entwickelte Platte zeigt durch ihre Schwärzung die genaue Lage der aktiven Stoffe an. So wurde z. B. die Aufnahme von Phosphor von verschiedenen tierischen und pflanzlichen Geweben radiographisch festgestellt. Abb. 11 zeigt eine besonders schöne Radiographie eines Tomatenblattes. Die Nährlösung der Pflanze hatte Radiophosphor enthalten. Um den Transport von Phosphor innerhalb der Pflanze festzustellen, bepinselte man eine kleine Fläche eines Weidenblattes mit ein paar Tropfen aktivierten Natriumbiphosphates. Einige Tage später wurde dieses Blatt zusammen mit den nächststehenden

Abb. 11. Radioautographie eines Tomatenblattes.

Die hellen Stellen zeigen den Ort der größten P*-Konzentration an. Die Blätter wurden 36 Stunden, nachdem P* der Nährlösung beigefügt worden war, von der Pflanze abgetrennt. (Nach *Hamilton*.)

Blättern von der Pflanze abgetrennt und radiographiert. Die Platte zeigte außer einem sehr dunklen Fleck an der Stelle, die ursprünglich mit $Na_2HP^*O_4$ in Berührung gebracht worden war, noch feine dunkle Linien entlang der Hauptrippe desselben Blattes und ent-

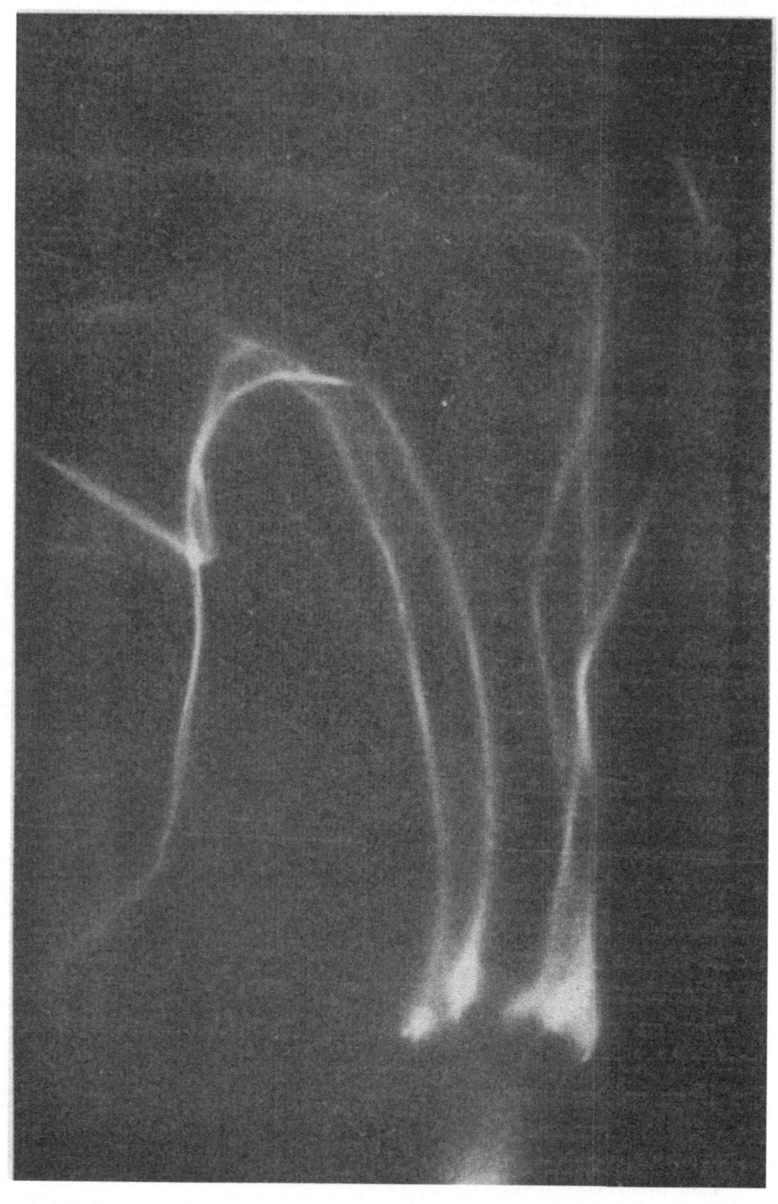

Abb. 12 und 13 zeigen die Radiographien von Getreide
(Für die freundliche Überlassung der Klischees danke

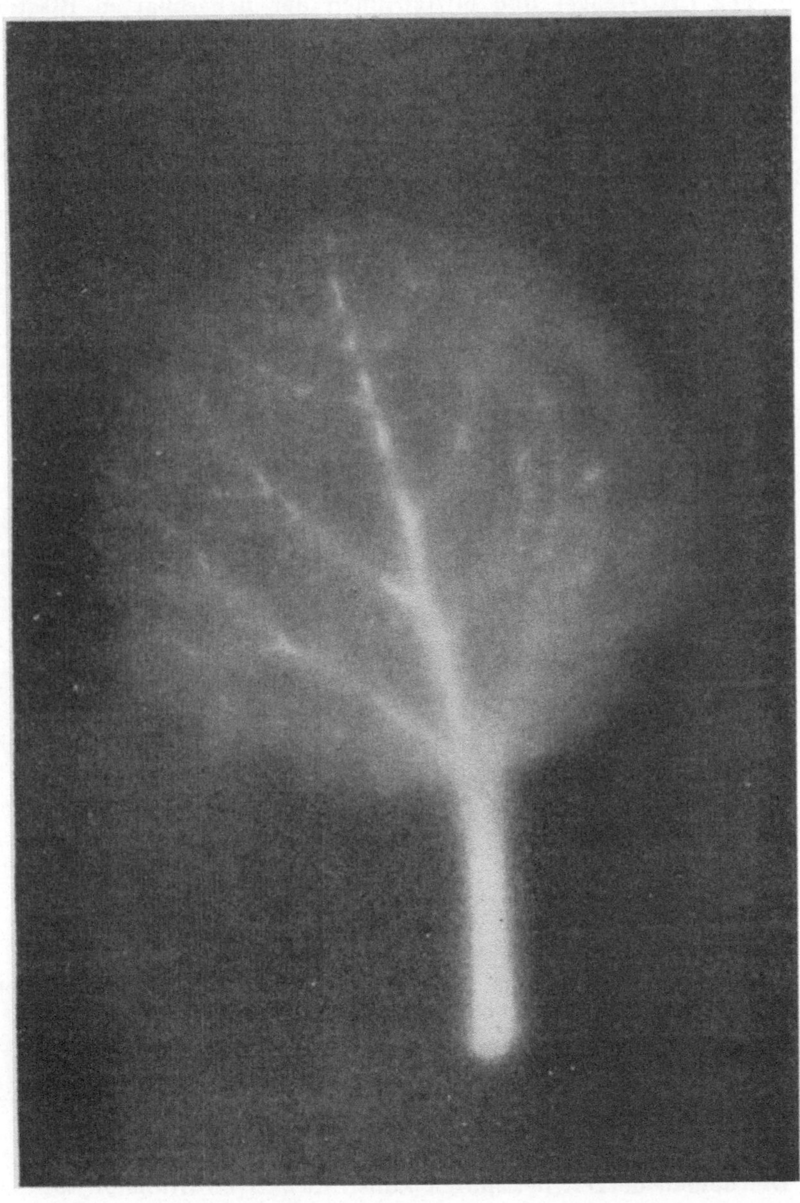

pflanzen und eines Espenblattes. (Nach *Hevesy*.)
ich dem Verlag Wahlström & Widstrand, Stockholm.)

lang der Blattstengel und Mittelrippen der benachbarten Blätter. Damit war der Beweis erbracht, daß die Nährstoffe ihren Weg nicht nur von der Wurzel zu den äußeren Teilen der Pflanze nehmen, sondern daß auch ein reger Austausch zwischen den Molekülen der einzelnen Blätter untereinander vor sich geht. Die folgenden Abb. 12, 13, 14 sind weitere Beispiele für Autoradiographien.

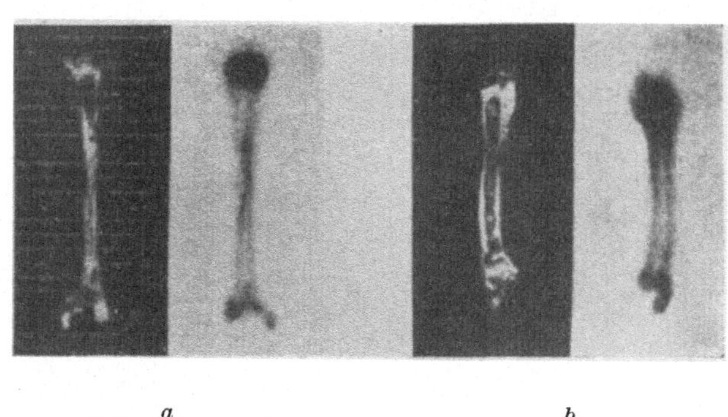

a   b

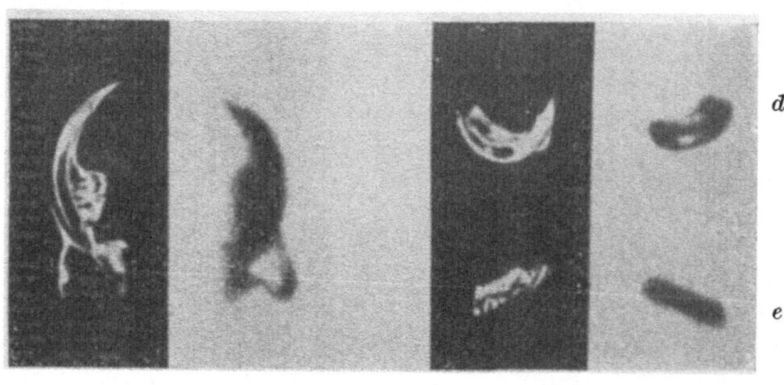

d
e
c

Abb. 14. Schliffe von Knochen einer Ratte, welcher 24 Stunden vor der Sektion Radiophosphor injiziert worden war.

a Unterschenkel, *b* Oberschenkel, *c* großer Nagezahn. *d* kleiner Nagezahn, *e* Kieferstück.
(Nach *Erbacher*, Zt. f. angew. Photogr. 1939.)

Der photographischen Aufnahme (links) ist jeweils die Autoradiographie (rechts) gegenübergestellt.

Die beiden derzeit bekannten künstlich aktiven Stickstoffisotope ^{13}N und ^{16}N besitzen sehr kurze Halbwertszeiten, so daß sie als Indikatoren nicht in Betracht kommen. Das Edelgas Krypton verhält sich jedoch chemisch sehr ähnlich und ist ebenso wie Stickstoff in Fetten leicht löslich. Man ließ daher einer Ratte ein Gemisch von

Sauerstoff und radioaktiv markiertem Krypton einatmen, tötete das Tier und verfertigte einen Mikrotomschnitt quer durch den Leib des Tieres. Tatsächlich zeigten die dunklen Flecke der Radiographie des Schnittes, daß Kr* in sehr fetthaltigen Organen, nämlich im Rückenmark, im Körper und Fett der Nieren und im Gekröse aufgenommen worden war.

Um die Wirkung von Senfgas und LOST, zwei Kampfgasen von verheerender Wirkung auf Haut und Schleimhaut, zu studieren, markierten andere Forscher diese Gase mit Radioschwefel, bzw. mit Radioarsen und ließen sie jeweils bis zur Blasenbildung auf die Haut einwirken. Radiographien der geschädigten Hautteile zeigten, daß Senfgas sich hauptsächlich in der Lederhaut festgesetzt hatte, während LOST mehr in der Oberhaut und in den Haarfollikeln zu finden war.

Phosphor und Strontium, letzteres ist ein Element, das sich chemisch sehr ähnlich wie Calcium verhält, werden beide in den Knochen abgelagert. Radiographien von Längsschnitten von zwei Ratten, von denen die eine zweieinhalb Tage vor dem Versuch mit Radiophosphor, die andere mit Radiostrontium gefüttert worden war, zeigten jedoch deutliche Unterschiede. (Abb. 15.) Während P* nur bis zu einem gewissen Grade im Knochen abgelagert wurde und vielfach auch im weichen Gewebe zu finden ist, wird Sr* fast ausschließlich von den Knochen absorbiert. Tab. 2 soll einen weiteren Überblick geben über die bevorzugte Ablagerung von Calcium und Strontium im Knochengerüst.

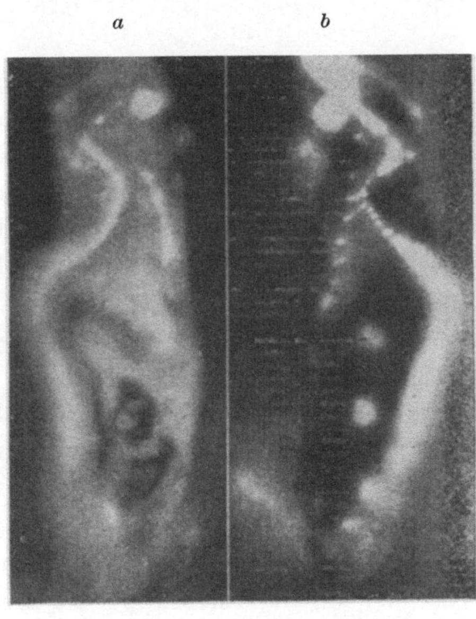

Abb. 15. Der Längsschnitt durch 2 Ratten, von denen die eine P*, die andere Sr* erhalten hatte.

Die Autoradiographie zeigt die Verteilung der Aktivitäten $2^1/_2$ Tage nach der Verabreichung der Radio-Isotope. (Nach *Hamilton*.)

Tab. 2^{15}. **Verteilung von Ca*, Sr* und P* im Gewebe 24 Stunden nach intravenöser Injektion.**

	Dosis-Prozente pro Gramm Lebendgewicht					
	Knochen	Muskel	Haut und Haare	Verdauungstrakt	Leber	übrige Eingeweide
^{45}Ca	22	0,33	0,20	0,36	0,12	0,23
^{89}Sr	12	0,17	0,15	0,23	0,07	0,13
^{32}P	5,2	1,4	0,75	1,3	3,0	2,1

Ca*, Sr* und P* wurden in Form von Calciumlaktat, Strontiumlaktat und Natriumphosphat verabreicht. Die Versuche wurden an Mäusen durchgeführt. Eine solche selektive Absorption, das heißt Ablagerung an ganz bestimmten Stellen des Körpers, bietet der Medizin eine Möglichkeit, dieses Element zu therapeutischen Bestrahlungszwecken zu verwenden. Man kann auf diese Weise die Strahlung genau lokalisieren, ohne den übrigen Körper einer schädlichen Bestrahlung auszusetzen. Es werden heute bereits ausgedehnte Versuche unternommen, um Stoffe zu finden, deren selektive Absorbierbarkeit noch besser verwirklicht ist.

Endlich wollen wir noch eine Verwendungsart des Radiojods besprechen. Die große Wichtigkeit des Jods für die Thyroxinproduktion in der Schilddrüse und damit für den ganzen Organismus wurde bereits erwähnt. Gefärbte Mikrotomschnitte der Schilddrüse zeigen im Mikroskop eine blasenartige Struktur, die hervorgerufen wird durch im Schilddrüsengewebe eingelagerte Hohlräume, die mit Flüssigkeit gefüllt sind (Kolloidfollikel). Man verglich nun das mikroskopische Bild mit der Radiographie desselben Schnittes, wodurch die Jodverteilung im Gewebe deutlich sichtbar gemacht wurde[16] und gewann daraus wertvolle, neue Erkenntnisse über die genaue Lokalisation des gespeicherten Jods in gesunden und erkrankten Drüsen. (Abb. 16, 17, 18 und 19.) Die gesunde Schilddrüse zeigt eine ziemlich gleichmäßige Verteilung des Jods über Schilddrüsengewebe (Accini) und die dazwischen gebetteten Kolloidfollikel. Beim Jodspeicherkropf zeigt die stärkere Schwärzung der photographischen Platte an, daß größere Jodmengen aufge-

---

[15] Nach *Hamilton*.

[16] *Hamilton*: Journ. Appl. Phys. 1941.

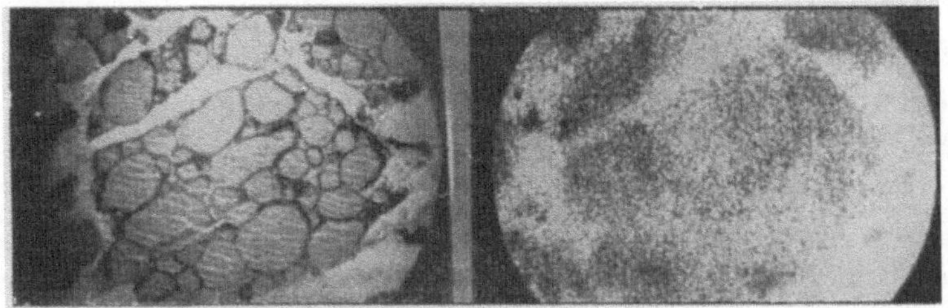

Abb. 16. Mikrophotographie (links) und Radiographie (rechts) eines Schnittes durch gesundes Schilddrüsengewebe, 60 fache Vergrößerung (*Hamilton*).

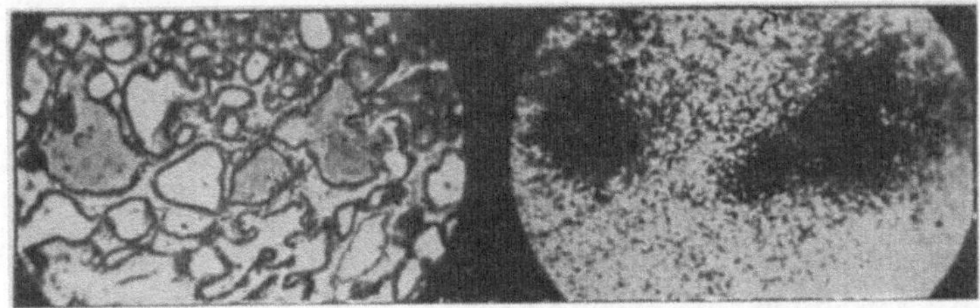

Abb. 17. Mikrophotographie (links) und Radiographie (rechts) eines Schnittes durch hyperplastisches Schilddrüsengewebe, 120 fache Vergrößerung (*Hamilton*).

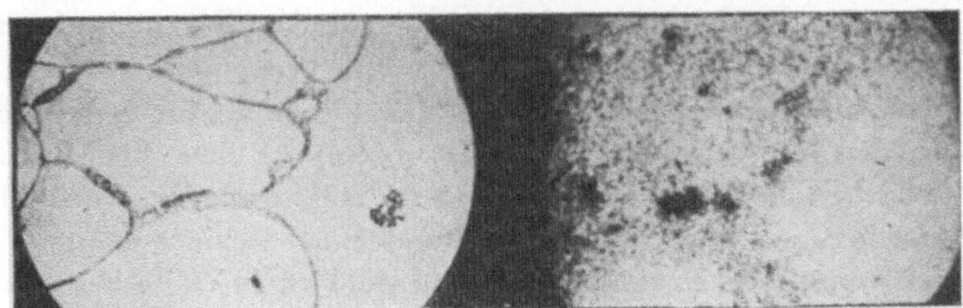

Abb. 18. Mikrophotographie (links) und Radiographie (rechts) eines Schnittes durch Schilddrüsengewebe bei ungiftigem Kropf, 60 fache Vergrößerung (*Hamilton*).

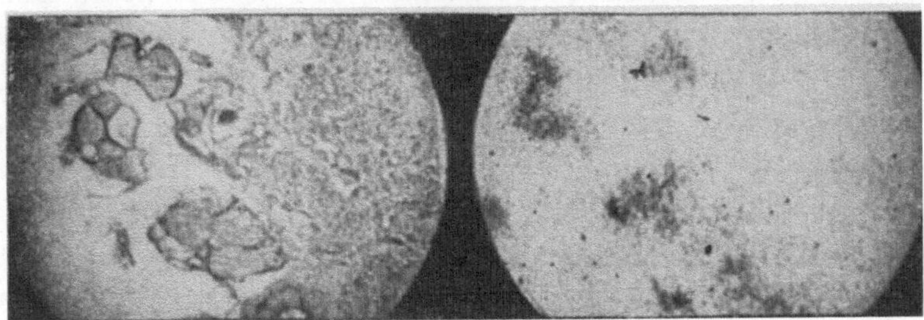

Abb. 19. Photographie (links) und Radiographie (rechts) eines Schnittes durch krebskrankes Schilddrüsengewebe. 60 fache Vergrößerung (*Hamilton*).

nommen wurden. Bei einem weiter fortgeschrittenen Stadium dieser Erkrankung sind die kolloidhältigen Hohlräume auf Kosten des Schilddrüsengewebes enorm vergrößert, das Jodspeicherungsvermögen ist auf ein Minimum gesunken. Die Radiographie zeigt nur noch in der Gegend des restlichen Schilddrüsengewebes und der kleineren, noch nicht entarteten Follikel kleine Schwärzungen. Schnitte einer an Krebs erkrankten Schilddrüse ergaben Jodansammlungen nur mehr in den inselartigen, im Krebsgewebe eingelagerten, noch funktionierenden Schilddrüsenresten.

Die Medizin konnte aus diesen Ergebnissen wichtige Schlüsse über die Funktion des gesunden und des erkrankten Organes ziehen und gelangt durch sie zu neuen therapeutischen Methoden.

12. Stabile Isotope als Indikatoren.

Der Vollständigkeit halber wollen wir hier noch ganz kurz eine Methodik erwähnen, die zwar eigentlich nicht mehr in den von uns gewählten Rahmen fällt, aber dennoch, was die Probleme, auf die sie angewandt wird, betrifft, unserem Thema sehr nahe liegt. Es ist dies eine Indikatorenmethode, die zur Markierung nicht wie bisher radioaktive, sondern stabile Isotope verwendet. Wir fragen, wie das durchführbar ist, da wir doch bisher gehört haben, daß gerade die Aktivität der verwendeten Isotope ihre Beobachtbarkeit zwischen den anderen Isotopen erst möglich macht. Tatsächlich ist diese Methode auch fünfzig- bis hundertmal weniger empfindlich, und der dazu nötige experimentelle Aufwand ist ein Vielfaches dessen, was bei Verwendung radioaktiver Isotope notwendig ist. Nur der Umstand, daß für manche Elemente keine geeigneten aktiven Isotope verfügbar sind, führte zur Entwicklung und zur Anwendung der Methode der stabilen Indikatoren, die jedoch heute bereits sehr interessante und für die biologische Erkenntnis äußerst wichtige Forschungsergebnisse hervorgebracht hat.

Wie kann man nun hier die Indikatoratome von den übrigen Atomen desselben Elementes unterscheiden, da die Hilfe der künstlichen Radioaktivität diesmal nicht zur Verfügung steht? Das geschieht durch Verwendung von besonderen Isotopengemischen, oder von einzelnen Isotopen, die sich von den in der Natur vorkommenden Isotopengemischen deutlich unterscheiden. Wir haben in der Einführung gehört, daß die prozentuelle Häufigkeit, mit der die einzelnen Isotope in einem Element vorhanden sind, überall auf der Erde gleich ist, daß also z. B. in einer bestimmten Menge Sauerstoff oder Stickstoff die einzelnen Isotope ^{16}O, ^{17}O und ^{18}O, bzw. ^{14}N und ^{15}N in stets gleichen Mengenverhältnissen vorkommen. Wir haben auch gehört, daß es Methoden gibt, die es gestatten, die Isotope eines Elementes mit Hilfe ihres geringfügigen Massenunterschiedes voneinander zu trennen, bzw. einzelne Isotope anzureichen, so daß das natürliche Isotopenverhältnis gestört ist. Schließlich hörten wir, daß man auch mittels künstlicher Atomumwandlung Isotope verschiedener Elemente isoliert erhalten kann. Man kann nun die Markierung eines Stoffes dadurch erreichen, daß man das perzentuelle Verhältnis seiner Isotope verändert. Da für die Verarbeitung eines Elementes im Organismus, wie wir gesehen haben, nur seine chemische Verbindungsart, nicht aber die Isotopenzusammensetzung eine Rolle spielt, so nimmt der Körper die Stoffe mit veränderter Isotopenmischung in gleicher Weise in sich auf und verarbeitet sie unterschiedslos[17]. Man kann hier nun an Hand der vom natürlichen Mischungsverhältnis abweichenden Isotopenzusammensetzung den Weg und das Schicksal der verschiedenen Substanzen im Organismus verfolgen, so wie wir das bisher mit Hilfe der künstlichen Radioaktivität tun konnten. Durch massenspektroskopische Untersuchungen gelingt die Bestimmung der relativen Häufigkeit der Isotope untereinander. Bei biologischen Versuchen mit nicht radioaktiven Indikatoren muß man nun die Proben einzelner Gewebsteile massenspektroskopisch auf ihre Isotopenzusammensetzung hin untersuchen. Natürlich sind hier alle Versuche nur in vitro auszuführen, die massenspektroskopische Methode gestattet keine direkten Experimente am lebenden Objekt. Die chemische Aufarbeitung der Präparate erfolgt in ähnlicher Weise, wie wir sie bei den radioaktiven Indikatoren kennengelernt haben.

Die Isotope, die für die Verwendung als stabile Indikatoren hauptsächlich in Frage kommen, sind ^{2}H, ^{13}C, ^{15}N, ^{18}O und ^{34}S. Für Wasserstoff, Kohlenstoff und besonders für Schwefel gibt es aller-

---

[17] Eine Ausnahme bildet hier der schwere Wasserstoff, ^{2}H oder D genannt, da in diesem Falle der Massenunterschied gegenüber dem gewöhnlichen Wasserstoff 2 : 1 beträgt, was bei höheren Konzentrationen auf den Organismus bereits störend wirkt. Bei 50% ^{2}H treten deutliche Wachstumsstörungen auf, reines Deuterium wirkt in kurzer Zeit tödlich.

dings auch verwendbare radioaktive Isotope, jedoch bei Stickstoff und Sauerstoff, Elemente, die gerade für biochemische Untersuchungen von besonderer Wichtigkeit sind, ist man derzeit ganz auf die stabilen Indikatoren angewiesen. Die heute bekannten künstlich aktiven Isotope dieser Elemente besitzen eine viel zu kurze Halbwertszeit, das heißt, sie zerfallen viel zu rasch, um für biologische Versuche verwendet werden zu können.

II. Einige typische Beispiele für die Verwendung von Radio-Indikatoren zur Lösung biologischer Probleme.

1. Natrium-Kalium-Permeabilität der roten Blutzelle.

Zur Frage der selektiven Permeabilität — rasches Eindringen der Na-Ionen in das rote Blutkörperchen — kein Austausch des nicht dissoziierten Kaliums.

Ein Fragenkomplex, der für die biologische Erkenntnis bei Betrachtung der lebenden Zelle von grundlegender Wichtigkeit ist, wird unter dem Namen *Permeabilität* zusammengefaßt. Man versteht darunter die Eigenschaft der Zellwände für gewisse Stoffe, z. B. Nährsalze und andere für den Stoffwechsel der Zelle wichtige Substanzen, „durchgängig" zu sein. Es ist klar, daß die Radioindikatorenmethode ein ausgezeichnetes Mittel zum Studium der Permeabilität darstellt und imstande ist, Fragen auf direkten Wege zu beantworten, die ohne ihre Hilfe gar nicht, oder nur mit großer Mühe und auf Umwegen, zu lösen gewesen wären. Zum Beispiel war die Frage nach der Durchdringlichkeit der Zellwand der roten Blutkörperchen für Natrium- und Kaliumionen lange Zeit umstritten und führte zur Aufstellung verschiedener Hilfshypothesen, wie z. B. die der „selektiven" Permeabilität[18], die auf einer Reihe von noch unbewiesenen Annahmen beruhten und den Kern der Frage, nämlich die Tatsache, daß diese Zellen viel mehr Kalium als Natrium enthalten, nicht recht zu erklären imstande waren. Natrium und Kalium sind zwei chemisch sich sehr ähnlich verhaltende Elemente. Um zu verstehen, warum das rote Blutkörperchen sich ihnen gegenüber so verschieden verhält, wollen wir etwas mehr über ihre Aufgaben im Körper hören.

---

[18] Selektive Permeabilität = bevorzugte Durchlässigkeit für bestimmte Stoffe.

Nachtrag 1953 zu T. Bernert:
Die künstliche Radioaktivität in Biologie und Medizin.
(Springer-Verlag, Wien.)

Tab. 7. Radioisotope, die aus England und USA. geliefert werden können.

* Bedeutet, daß das betreffende Isotop nur aus USA. bezogen werden kann.

Radioakt. Isotop	Halbwertszeit	Energie MeV β	Energie MeV γ	Menge des Ausgangsmaterials, Bestrahl.-Einheit	Akt./ Gramm n. 1 Woche Bestrahl.-Zeit	Akt./ Gramm Sattwert
H—3	11,8 a	0,018	—	Gasförmig oder als tritiumhaltiges Wasser erhältlich		
C—14	5740 a	0,154	—	Trägerfrei herstellbar, verschiedene Verbindungen erhältlich		
Na—22	2,6 a	0,576 β+ 1,8	1,28	Hergestellt im Zyklotron		
Na—24	14,9 h	1,39	2,76 1,38	10 g	32 mC	32 mC
Si—31	2,85 h	1,65 0,67	—	6 g	260 μC	260 μC
P—32	14,3 d	1,69	—	25 g roter P Auch trägerfrei herstellbar	2,6 mC	12 mC
S—35	87,1 d	0,168	—	20 g Auch trägerfrei herstellbar	22 μC	540 μC
Cl—36*	4,4×10⁵ a	0,71	—	Als HCl oder KCl erhältlich		
A—37*	34,1 d	K	—	Trägerfrei, mit CO_2 verdünnt		
K—42	12,4 h	3,58 2,07	1,51	10 g	2,7 mC	2,7 mC
Ca—45	152 d	0,254	—	18 g	9,8 μC	480 μC
Sc—46	85 d	1,49 0,36	0,89 1,12	0,5 g	34 mC	810 mC
Cr—51	26,5 d	K 97%	0,323 3% 0,237 3%	5 g	2,2 mC	16 mC
Mn—54	310 d	K	0,835	Hergestellt im Zyklotron		
Mn—56	2,6 d	2,81 50% 1,04 30% 0,75 20%	2,06 1,81 0,822	2 g	320 mC	320 mC
Fe—55	5 a	K	—	20 g	9 μC	1,46 μC
Fe—59	47 d	0,46 0,26	1,3 1,1	20 g	2 μC	28 μC
Co—60	5,3 a	0,308	1,17 1,33	2 g	1,45 mC	830 mC

Fortsetzung auf S. 2.

Fortsetzung von S. 1.

| Radioakt. Isotop | Halbwertszeit | Energie MeV | | Menge des Ausgangsmaterials, Bestrahl.-Einheit | Akt./ Gramm n. 1 Woche Bestrahl.-Zeit | Akt./ Gramm Sattwert |
		β	γ			
Ni—63*	85 a	0,06			—	50 mC
Cu—64	12,8 h	0,57 0,657	1,2	2 g	50 mC	50 mC
Zn—65	250 d	K, β^- 99% β+0,321 1%	1,128 46%	15 g	92 μC	6,8 mC
Zn—69	13,8 h	I. Ü.	0,44	15 g	1,3 mC	1,3 mC
Ga—72	14,1 h	3,17 8% 2,75 8% 1,74 3% 1,45 7% 1,00 26% 0,74 23% 0,56 25%	2,5 2,18 1,81 0,835 0,69 0,63 1,05	0,5 g	30 mC	30 mC
Ge—71	11,4 d	K	—	3 g	600 μC	2,2 mC
As—76	26,8 h	3,04 60% 2,49 25% 1,29 15%	1,75 1,2 0,55	2 g	90 mC	90 mC
As—77	40 h	0,7	—	3 g	120 μC	120 μC
Se—75	125 d	K	0,67—0,405	5 g	130 μC	4,9 mC
Br—82	34 h	0,45 0,32 0,18	1,32 1,04 0,65 0,61	7 g	22 mC	22 mC
Rb—86	19,5 d	1,82 80% 0,72 20%	1,08	10 g	1,6 mC	10 mC
Sr—89	53 d	1,46	—	30 g	4,9 μC	78 μC
Y—90	62 h	2,2	—	5 g	21 mC	23 mC
Zr—95	65 d	1,4 2% 0,39 98%	0,91 0,7	10 g	61 μC	1,3 mC
Mo—99	68 h	1,3	0,75 0,24	8 g	1,7 mC	1,7 mC
Tc—97	93 d	K	0,097	10 g	0,37 μC	9,9 μC
Ru—97	2,8 d	K	0,22 0,18	10 g	9,7 μC	9,7 μC
Ru—103	42 d	0,68 8% 0,15 92%	0,52	10 g	480 μC	6,2 mC
Rh—105	36 h	0,78	0,33	10 g	1,92 mC	1,92 mC
Pd—109	13 h	1,1	—	2 g	44 mC	44 mC
Ag—110	225 d	2,97 5% 0,57 0,19	1,48 0,9 0,66 usw.	5 g	220 mC	17 mC

Fortsetzung auf S. 3

Fortsetzung von S. 2.

Radioakt. Isotop	Halbwertszeit	Energie MeV		Menge des Ausgangsmaterials, Bestrahl.-Einheit	Akt./ Gramm n. 1 Woche Bestrahl.-Zeit	Akt./ Gramm Sattwert
		β	γ			
Ag—111	7,5 d	1,0 0,24	—	2 g	290 μC	800 μC
Cd—115	56 h	1,13 0,6	0,54	0,5 g	3,1 mC	3,4 mC
	43 d	1,7	0,5	—	42 μC	570 μC
In—114	48 d	I. Ü.	0,192 usw.	0,5 g	2,4 mC	36 mC
Sn—113	105 d	K, β^-	0,085	20 g	5,5 μC	164 μC
Sb—122	2,8 d	1,94 1,36	0,568	2 g	37 mC	51 mC
Sb—124	60 d	2,37 21% 0,65 44% usw.	1,7 0,73 usw.	2 g	0,8 mC	15 mC
Sb—125	2,7 a	0,6 18% 0,3 49% 0,128 33%	0,646 usw.	20 g	6 μC	6,5 mC
Te —127	90 d	I. Ü.	0,08	20 g	6,8 μC	180 μC
I—131	8 d	0,6 86% 0,25 14%	0,63 0,36 usw.	Trägerfrei		
Cs—131	9,6 d	K, β^-	—	50 g	10 μC	21 μC
Cs—134	1,7 a	0,6 75% 0,09 25%	1,35 0,8 0,6 0,57	2 g	1,4 mC	290 mC
Ba—131	12 d	K, β^-	1,2 0,5 0,26	50 g	8 μC	32 μC
La—140	40 h	2,26 1,67 1,3 70%	2,5 1,62 0,8 usw.	0,5 g	100 mC	100 mC
Ce—141	30 d	0,66	0,21	2 g	1,2 mC	12 mC
Pr—142	19,3 h	2,52 0,35	1,53	3 g	120 mC	120 mC
Pr—143	13,8 d	0,93	—	2 g	0,23 mC	1,05 mC
Sa—153	50 h	1,23	0,1	0,05 g	330 mC	400 mC
Eu—152	5,3 a	K 0,75	1,23 usw.	0,25 g	—	—
	9,2 h	1,88 K	0,725 0,163 0,123	—	7,4 C	7,4 C
Eu—154	5,4 a	K	1,4 usw.	0,25 g	9,7 mC	5,5 C
Ho—166	27 h	1,64	0,92 usw.	0,2 g	600 mC	600 mC

Fortsetzung auf S. 4.

Fortsetzung von S. 3.

Radioakt. Isotop	Halbwertszeit	Energie MeV		Menge des Ausgangs-materials, Bestrahl.-Einheit	Akt./ Gramm n. 1 Woche Bestrahl.-Zeit	Akt./ Gramm Sattwert
		β	γ			
Tu—170	127 d	0,97 90%	0,084	—	—	—
Hf—181	46 d	0,4	0,47 0,337 0,13	2 g	2,3 mC	32 mC
Ta—182	120 d	0,5	1,13 1,22	2 g	5,2 mC	190 mC
W—187	24,1 h	1,33 30% 0,63 70%	0,696 0,618 0,48 0,138 0,078	5 g	90 mC	90 mC
Re—186	91 h	1,073	0,212 0,138	0,2 g	200 mC	330 mC
Re—188	18 h	2,15 0,97	0,16—1,43	0,2 g	410 mC	410 mC
Os—191	32 h	1,15	1,58	2 g	5,6 mC	5,6 mC
Os—193	17 d	0,15	0,13	2 g	3,3 mC	18,5 mC
Ir—192	70 d	0,59	0,19—0,615	1 g	160 mC	3,4 C
Pt—197	18 h	0,65	—	0,5 g	2,5 mC	2,5 mC
Au—198	2,69 d	0,96	0,411	0,1 g	610 mC	780 mC
Hg—203	43,5 d	0,208	0,279	2 g	440 μC	5,8 mC
Tl—204	2,7 a	0,775	—	20 g	64 μC	18 mC
Bi—210	5 d	1,17	α: 4,77	80 g	55 μC	120 μC
Po—210	138 d	α: 5,23	0,8	80 g	3 μC	118 μC

Wien, im Januar 1953.

Berichtigungen:

S. 10, in der Beschreibung der Abb. 1, lies: Protonen statt: Elektronen.

S. 12, Zeile 10 von oben, lies: Synchrotron statt: Synchrotons.

S. 16, Zeile 11 von oben, lies: $^{32}_{15}\mathrm{P} \xrightarrow{\beta^-} {}^{32}_{16}\mathrm{S}$ statt: $^{26}_{31}\mathrm{P} \xrightarrow{\beta^-} {}^{32}_{15}\mathrm{S}$.

S. 17, Zeile 5 von unten, lies: Milligramm Eisen statt: Gramm Eisen.

S. 41, Zeile 18 von oben, lies: $NaHCO_3$ statt: $NaHCO_2$.

S. 43, Zeile 7 von unten, lies: anorganische Phosphorverbindung statt: organische Phosphorverbindung.

S. 50, Zeile 6 von oben, lies: Dipeptid statt: Dipeptil.

S. 77, Zeile 3 von oben, lies: Technetium statt: Tecnicium.

Druck: Globus II, Wien VI

Das Blut besteht aus der Blutflüssigkeit, auch Blutserum oder Plasma genannt, und den darin schwimmenden roten und weißen Blutzellen und Blutplättchen. Im Blutplasma sind organische Stoffe, wie Eiweiß, Zucker und Fette, aber auch anorganische Substanzen, z. B. Nährsalze, gelöst. Das Blut ist der Träger für eine Reihe von wichtigen Lebensvorgängen. So ist es beispielsweise seine Aufgabe, den Organismus mit Sauerstoff, der in der Lunge aufgenommen wurde, zu versorgen und andererseits das Abbauprodukt Kohlensäure der Lunge zur Ausatmung wieder zuzuführen. Natrium- und Kaliumverbindungen spielen bei diesem Vorgang insofern eine wichtige Rolle, als sie dazu beitragen, die chemischen Eigenschaften des Blutes konstant zu halten (Puffersysteme). Durch den stets wechselnden Sauerstoff- bzw. Kohlensäuregehalt des Blutes infolge der Atmung, sowie durch verschiedene andere Lebensvorgänge, würde das chemische Medium des Blutes dauernd schädlichen Schwankungen unterworfen sein. Das im Blut gelöste Natriumkarbonat (Na_2CO_3) ist durch seine Eigenschaft sehr leicht in $NaHCO_2$ überzugehen, sozusagen einer der Polizisten, die darüber wachen, daß keine Übersäuerung des Blutes stattfindet. Die chemische Verbindungsart von Kalium im Blut ist eine andere, als die des Natriums: Kalium ist ein Bestandteil des Hämoglobinmoleküls und ist als solcher imstande einen Teil der Kohlensäure an das rote Blutkörperchen zu binden. Außerdem spielen Kaliumverbindungen, ebenso wie Natriumverbindungen im Wasserhaushalt des Organismus eine wichtige Rolle.

Im Zusammenhang mit allen diesen Problemen ist die Frage nach der Durchlässigkeit der Zellwand des Blutkörperchens von großem Interesse. Man nahm an, daß die Zellwand für Kaliumionen leicht, für Natriumionen jedoch viel schwerer passierbar sei, wodurch die beobachtete Kaliumanhäufung zustande kommen sollte. Versuche mit dem radioaktiven Natriumisotop ^{24}Na zeigten jedoch ein anderes Bild:

Markierte physiologische Kochsalzlösung[19] war Hunden intravenös injiziert worden. Unmittelbar nachher begann man mit der Entnahme einer Reihe von Blutproben aus einer anderen Vene des Hundes, alle in bestimmten Zeitabschnitten voneinander. Bei

---

[19] Physiologische Kochsalzlösung nennt man eine 0,95 %ige NaCl-Lösung. Sie ist in ihrer Konzentration der des Blutes ähnlich und kann daher schadlos injiziert werden.

jeder der entnommenen Proben wurden durch sorgfältiges Zentrifugieren und Waschen die roten Blutkörperchen vom Blutserum getrennt und die Aktivität und damit der Gehalt an Natrium in beiden Teilen bestimmt. Man fand, daß die Aktivität der Blutzellen innerhalb weniger Minuten 80 % des Wertes betrug, der erreicht wird, wenn die Ionenverteilung innerhalb und außerhalb der Zelle völlig gleich ist. Die Geschwindigkeit, mit der die Ionen in die Zelle eindrangen, war also ziemlich groß und die Zellwand bedeutete für sie kein Hindernis. Da der gesamte Natriumgehalt der Zelle gleich bleibt, müssen folgerichtig gleich viel Ionen die Zelle verlassen haben, um den markierten Ionen Platz zu machen. Versuche, die in Hinblick darauf ausgeführt wurden, bestätigten auch diese Annahme: Es zeigte sich kein Unterschied zwischen der Geschwindigkeit, mit der die Ionen in die Zelle eindringen und der Geschwindigkeit, mit der die Zelle wieder verlassen wird. Es handelt sich hier um einen Austausch der Ionen innerhalb und außerhalb der Zelle, der durch die radioaktive Indikatorenmethode überhaupt erst beobachtbar wurde. Man fand, daß innerhalb eines Tages das gesamte Natrium des roten Blutkörperchens durch ^{24}Na ersetzt wird.

Zur Kontrolle wiederholte man die Versuche in vitro, indem man nämlich Blutzellen allein in physiologische Kochsalzlösung legte. *Auch hier durchdrangen die Natriumionen mit ungefähr derselben Geschwindigkeit wie bei den Versuchen in vivo die Zellwände der roten Blutkörperchen.* Diese Geschwindigkeit läßt sich überdies aus den Gesetzen der physikalischen Chemie voraussagen. Sie ist dieselbe, mit der sich innerhalb eines Lösungsmittels, in dem nur ein Stoff gelöst wird, das Lösungsgleichgewicht ($=$ gleichmäßige Verteilung der Ionen über den ganzen Raum, der vom Lösungsmittel erfüllt ist) herstellt. Sie ist nur abhängig von der Konzentration des gelösten Stoffes im Lösungsmittel.

Das Phänomen der Kaliumanhäufung im roten Blutkörperchen kann also nicht durch die Annahme einer selektiven Absorption erklärt werden, da Natrium sehr rasch und ungehindert in die Zellen eindringt. Sie muß andere Ursachen haben. Sorgfältige Untersuchungen, ähnlich den eben geschilderten, mit dem radioaktiven Kaliumisotop ^{42}K in Form von Kaliumchlorid als Indikator ergaben, daß nur 25 % des im Blutkörperchen enthaltenen Kaliums durch Kalium aus dem Blutserum ersetzt wird. Das verschiedenartige Verhalten der sonst sehr ähnlichen Ionen erklärt sich also durch die Verschiedenartigkeit ihrer chemischen Bindung. Man gab mehreren Versuchspersonen nach längerem Fasten Speisen, die mit ^{24}NaCl oder mit ^{42}KCl an Stelle von Kochsalz gewürzt waren. Eine halbe Stunde später zeigte ihr Blut nur 17 % der verabreichten Kaliummenge, jedoch 58 % der verabreichten Natriummenge. Man schloß daraus, daß der größte Teil des Kaliums während der ganzen Lebensdauer des Blutkörperchens, das sind einige Wochen, in diesem festgehalten wird, während nur ein kleiner Teil aus freien Ionen besteht und gegen Kaliumionen des Serums ausgetauscht werden kann.

Der Permeabilität einer Zelle bestimmten Stoffen gegenüber können aber auch andere Vorgänge als der Austausch dissoziierter Ionen zugrunde liegen. Weitere Versuche zeigten, daß das Eindringen bestimmter Substanzen in die Zelle sehr häufig im Zusammenhang mit Stoffwechselvorgängen vor sich geht. Ein solcher Fall soll im nächsten Kapitel besprochen werden.

2. Kreislauf der Phosphat-Ionen.

Markierung der Phosphorsäureester im roten Blutkörperchen — langsamer Phosphoraustausch in nicht hydrolysierbaren organischen Phosphorverbindungen — kein Phosphoraustausch bei Phosphorsäureester in vitro — Phosphoraufnahme an Stoffwechselvorgänge gebunden.

Wie bereits erwähnt wurde, vermögen Phosphationen mit großer Geschwindigkeit die Zellwände der roten Blutkörperchen zu durchdringen. Im Inneren der roten Blutzellen kennt man u. a. eine Reihe von Phosphorsäureestern, z. B. Adenosintriphosphat, Hexosemono- und Hexosediphosphat, usw., organische Verbindungen, die, wie wir sehen werden, im Körper eine dauernde Aufspaltung und Wiedervereinigung mitmachen. Der markierte Phosphor gelangt als organische Phosphorverbindung durch intravenöse Injektion in die Blutbahn, und zwar wird wieder Natriumbiphosphat ($Na_2HP^*O_4$) verwendet, welches, in kleinen Dosen verabreicht, vom Organismus leicht vertragen wird. Der Radiophosphor befindet sich zunächst im Blutserum. Jedoch bereits sehr kurze Zeit nach der Injektion zeigen die oben erwähnten Phosphorsäureester durch ihre Aktivität an, daß Phosphationen die Zellwand der roten Blutkörperchen durchdrungen haben und mit den Zerfallprodukten hydrolysierter Posphorsäureester-Moleküle in chemische Reaktion getreten sind. Es haben sich neuerdings, diesmal markierte Phosphorsäureester gebildet, während nachgewiesen werden kann, daß die durch die ursprüngliche Esteraufspaltung frei gewordenen inaktiven Phosphationen die Zelle verlassen. Da die Estermenge im roten Blutkörperchen keine Veränderung zeigt, so muß mit dem Aufbau neuer Moleküle der Zerfall ungefähr ebenso vieler „alter" Moleküle verbunden sein. Das Ergebnis ist, daß im Blutserum der markierte Phosphor gegen unmarkierten Phosphor ausgetauscht wurde.

Der Austausch des Phosphors, bzw. *der Durchgang von Phosphationen durch die Zellwände der roten Blutkörperchen geschieht im Rahmen der für den Stoffwechsel wichtigen Aufspaltung und Wiedervereinigung der Phosphorsäureester.* Es wird angenommen, daß dieser Vorgang dem Energietransport im Organismus dient. Die zum Aufbau des Phosphorsäureester-Moleküls verwendete Energie wird an geeigneter Stelle durch den Zerfall des Moleküls wieder frei. Es konnte gezeigt werden, daß bei weitem nicht alle Phosphorverbindungen, die im roten Blutkörperchen eine Rolle spielen, ihren Phosphor austauschen. Bei Verbindungen, die eine größere chemische Beständigkeit aufweisen, z. B. Phosphorlipoide und Nucleinsäuren, zeigte sich im Anfang keine Aktivität. Diese war nur bei den hydrolysierbaren, d. h., durch Aufnahme eines Wassermoleküls aufspaltbaren Phosphorsäureestern zu finden.

Bringt man diese Ester „*in vitro*" (außerhalb des lebenden Organismus) mit markierter Natriumbiphosphatlösung zusammen, so zeigt sich *kein Austausch der Phosphationen.* Da gezeigt werden konnte, daß ein direkter Austausch zwischen aktiven und inaktiven Isotopen eines Elementes nur in Lösungen stark elektrolytisch dissoziierter Salze vorkommt, so kann die Aufnahme des markierten Phosphoratoms in das Phosphorsäureester-Molekül nur während des Neuaufbaus dieses Moleküls erfolgen. Dieses Phänomen ist also an Lebensvorgänge gebunden. Offensichtlich liegt hier für die Durchlässigkeit der Zellwand für Phosphationen eine wesentlich andere Ursache vor, als im vorher geschilderten Falle der Natriumionen. Die Ausbreitung der Natriumionen unterliegt, wie wir gesehen haben, nur chemisch-physikalischen Gesetzen, sie findet auch in vitro statt, wenn rote Blutkörperchen vom übrigen Blute abgetrennt in markierte Salzlösung gebracht worden waren. Die Phosphationen liefern ein typisches Beispiel für Ionentransport durch die Zellwand (Permeabilität), der durch bestimmte Stoffwechselvorgänge verursacht wird. Die Geschwindigkeit, mit der ein solcher Austausch vor sich geht, hängt von der Art und dem Grad der Stoffwechseltätigkeit in dem betreffenden Organ ab.

Wir finden dieselbe Erscheinung auch bei anderen Zellen des Körpers, z. B. in der Leber, Niere, Schleimhaut, oder in den Hirnzellen. Während die einem regen Stoffwechsel unterworfenen Leber- und Schleimhautzellen ebenfalls eine äußerst rasche Aufnahme des Phosphors zeigen, dringen die Phosphationen in die Zellen des Gehirns, dank seines langsameren Phosphorstoffwechsels, nur zögernd ein.

3. Phosphorverteilung im Organismus.

Dreiviertel der aufgenommenen Phosphatmenge in den Knochen abgelagert — Einfluß von Vitamin D — Phosphoraustausch in den Zähnen.

Hat man durch Injektion von Natriumbiphosphat markierten Phosphor in das Blut eingebracht, so verweilt dieser jedoch nicht lange im Blutserum. Es wird sehr bald an die verschiedensten Organe abgegeben, was durch eine gleichmäßige Verteilung der Aktivität über diese, den Phosphor enthaltenden Organe angezeigt wird (vgl. Abb. 15a). Allein die Abgabe des Phosphors vom Blutserum an die die einzelnen Zellen umgebende Gewebsflüssigkeit im ganzen Körper verursacht ein Sinken der Aktivität des Blutserums auf $^1/_8$ ihres ursprünglichen Wertes. Jener Teil der Aktivität, der, wie wir gesehen haben, gleich in die roten Blutkörperchen hineinwandert, wird dort auch nicht lange festgehalten, da er ja bald neuem Phosphor aus dem Blutserum Platz machen muß.

Eine große Abnahme der Serumaktivität bringt die Phosphatablagerung im Knochengerüst mit sich. Versuche, die sich über eine längere Zeitdauer erstreckten, ergaben, daß der größte Teil des verabreichten Phosphors letzten Endes in die Knochen gewandert ist. Dort wird er länger zurückgehalten, denn in der Knochensubstanz vollzieht sich der Stoffwechsel ziemlich langsam.

Durch Versuch an rachitischen Ratten konnte man den Einfluß von Vitamin D auf diese Krankheit studieren. Rachitis ist eine

Mangelkrankheit des Knochengerüstes. Sie tritt auf bei Abwesenheit, bzw. bei Unterangebot von Vitamin D. Wird Vitamin D verabreicht, dann zeigt die gesteigerte Radiophosphoraufnahme an, daß die Fähigkeit des Organismus anorganischen Phosphor im Knochengerüst (besonders in der Metaphyse), anzusammeln, zugenommen hat.

Auch die Zähne zeigen einen ziemlich starken Phosphataustausch. Der innere weiche Teil des Zahnes (Zahnpulpa) nimmt das markierte Phosphat in verhältnismäßig kurzer Zeit auf. Das feste Zahnbein hingegen, das mit dem Blutsystem nicht mehr genügend in Verbindung steht, zeigt nur geringe Aktivität.

4. Radio-Eisen.

Absorption und Speicherung des Eisens im Organismus — Hämoglobin-, Serum- und Gewebseisen — Doppelmarkierung mit ^{55}Fe und ^{59}Fe.

Wir wissen heute, daß Eisen im Körperhaushalt eine besonders wichtige Rolle spielt, doch sind uns in mancher Hinsicht nähere Einzelheiten über seine Funktion noch nicht bekannt. Während der letzten zehn Jahre verhalfen die Radioindikatoren der Forschung zu einer Reihe von neuen Erkenntnissen auf diesem Gebiet. Eisen wird dem Körper mit der täglichen Nahrung in genügender Menge zugeführt. Durch Markierung des Nahrungseisens versuchte man den Weg aufzuweisen, den dieses Element durch den Körper nimmt. Man fand, daß nur sehr geringe Mengen von der Schleimhaut des Verdauungstraktes aufgenommen werden, welche in Form von Ferritin, einem eisenhältigen Eiweißkörper, in der Schleimhaut gespeichert werden. Versuche an Hunden, deren Magen, bzw. jeweils ein bestimmter Teil des Darmes, isoliert worden war, ergaben, daß für die Eisenabsorption hauptsächlich die Magen- und die Zwölffingerdarmschleimhaut verantwortlich sein dürfte, da die größere Basizität der tiefer gelegenen Darmteile die Löslichkeit des Eisens beeinträchtigt. Ebenso wie das Aufnahmsvermögen ist auch die Fähigkeit des Körpers, Eisen auszuscheiden, ziemlich gering, das durch Abbau verbrauchter roter Blutkörperchen freiwerdende Eisen wird bei der Bildung neuer roter Blutkörperchen wiederverwendet. Die Tatsache, daß die roten Blutkörperchen ihr Eisen nicht direkt aus dem Nahrungseisen beziehen, geht u. a. aus folgendem Tierversuch hervor:

Gesunden Hunden wurden 130 mg markiertes Eisen zusammen mit der Nahrung verabreicht. Erzeugte man bei dem Versuchstier eine künstliche Blutarmut durch Abnahme von ⅔ der Menge ihres zirkulierenden Blutes, so zeigte sich trotzdem keine Steigerung der Eisenaufnahme. Erst nachdem die roten Blutkörperchen, deren Hämoglobin auf Kosten der Eisenreserven des Körpers ersetzt wurde, vom Organismus nahezu vollständig regeneriert worden war, stieg die Eisenaufnahme auf zehn Prozent der dargereichten 130 mg. Daraus geht hervor, daß für die Eisenaufnahme nicht so sehr die Blutarmut selbst, als vielmehr der Eisengehalt des Gewebes ausschlaggebend ist. Der Körper kann erst dann wieder Eisen aus der Nahrung aufnehmen, wenn seine Speicher aufnahmsfähig sind.

Der Transport des Eisens wird durch das Blutserum vollzogen, wo es an das Serumglobulin gebunden ist. Dadurch wird die Verbindung hergestellt zwischen dem Ferritineisen der Gastro-Intestinal-Schleimhaut einerseits und den Eisen speichernden und Eisen verarbeitenden Geweben anderseits. Versuche an Ratten zeigten, daß Eisen hauptsächlich in der Leber gespeichert wird, während Knochenmark und Dünndarm, Gewebe, die bekanntlich auch sehr eisenhältig sind, einen regen Eisenstoffwechsel aufweisen, das heißt, daß sie das aufgenommene Eisen rasch wieder abgeben.

Mehr als die Hälfte des im Körper vorhandenen Eisens kommt als Bestandteil des Hämoglobins (Blutfarbstoff) im roten Blutkörperchen vor und erfüllt hier die wichtige Aufgabe der Sauerstoff-, bzw. Kohlensäureaufnahme und -abgabe im Rahmen des Atmungsprozesses. Das Bildungszentrum für die roten Blutkörperchen ist das Knochenmark. Versuche mit Radioeisen zeigten, daß Hämoglobineisen nicht gegen Serumeisen ausgetauscht werden kann, da es im Hämoglobin fest gebunden ist. Es verharrt auf Lebensdauer der roten Blutzelle in seiner Verbindung. Außerdem spielt Eisen im Organismus noch als Muskel-Hämoglobineisen und als Gewebseisen (Cytochromeisen, Katalaseeisen usw.) eine wichtige Rolle. Letzteres ist, als Bestandteil des Enzymsystems der Zelle, für deren Stoffwechsel von lebenswichtiger Bedeutung. Selbst bei größtem Eisenmangel, wie er durch Unterernährung, Schwangerschaft, Blutung u. ä. hervorgerufen werden kann, verringert sich der Vorrat dieser Eisenverbindungen nicht. Gerade auf diesem Gebiete gibt es noch eine Reihe von ungelösten Problemen, jedoch verspricht die Verwendung von Radio-indikatoren auch hier eine Lösung in absehbarer Zeit.

Eine methodische Feinheit, die sogenannte „doppelte Markierung" sei hier noch erwähnt. Im Fall des Eisens stehen uns nämlich zwei radioaktive Isotope zur Verfügung, die sich beide gut für Indikatorversuche verwenden lassen. Die radioaktiven Eigenschaften der beiden Isotope sind stark voneinander verschieden. Während ^{55}Fe eine Halbwertszeit von vier Jahren besitzt und nur durch eine sehr weiche Röntgenstrahlung nachzuweisen ist, zeigt ^{59}Fe eine mittelharte β-Strahlung und eine Halbwertszeit von 47 Tagen. Es wurden zwei Typen von Zählrohren entwickelt, von denen die eine Art ausschließlich auf die Strahlung von ^{55}Fe, die andere Art auf die Strahlung von ^{59}Fe anspricht. Auf diese Weise ergibt sich eine weitere Unterscheidungsmöglichkeit zwischen sonst gleichartigen Eisenverbindungen. Die doppelte Markierung einer Substanz, meistens jedoch durch radioaktive Isotope verschiedener Atomarten, eines Moleküls, gewinnt immer mehr an Bedeutung, da man auf diese Weise manchmal sogar das Schicksal einzelner Atomgruppen eines kompliziert gebauten, organischen Moleküls verfolgen kann. Ein Beispiel dafür finden wir im doppelt markierten Methionin im nächsten Kapitel.

5. Radioindikatoren in der Eiweißchemie.

Polypeptidsynthese aus markierten Aminosäuren — markiertes Methionin — Zusammenhang zwischen Methionin und Taurin — Umwandlung des Methionin in Cystin — Aufnahmsfähigkeit des Organismus für verschiedene Schwefelverbindungen — rascher Umsatz organischer Schwefelverbindungen in der Pflanze.

Da die Eiweißkörper die wichtigsten Bestandteile der lebenden Zelle darstellen und im gesamten Organismus die mannigfaltigsten Funktionen innehaben, so ist ihre Erforschung eine der vordringlichsten Aufgaben der modernen Chemie und Physiologie. Eiweiß ist ein Sammelname für eine große Gruppe chemisch äußerst kompliziert zusammengesetzter Substanzen, von denen man heute weiß, daß sie aus Aminosäuren aufgebaut sind. Aminosäuren sind bekanntlich Stickstoff- oder, genauer gesagt, NH_2-haltige organische Säuren, von denen bisher etwa 30 im tierischen und pflanzlichen Organismus aufgefunden werden konnten. Diese große Zahl sowie die Vielfalt ihrer Kombinationsmöglichkeiten bewirkt die kolossale Vielfältigkeit der heute bekannten Eiweißarten, ebenso wie die Verschiedenartigkeit ihrer Funktionen und Leistungen im Organismus. Eiweißkörper spielen als mechanische Baumaterialien, als Energielieferanten, als Wächter über konstanten Säuregehalt in der Gewebsflüssigkeit, als Fermente, als Hormone u. a. m. im Organismus eine wichtige Rolle. Ihr jeweiliger chemischer Aufbau befähigt sie zu ihrer speziellen Leistung. Die Aufstellung der chemischen Strukturformel für ein solches Riesenmolekül ist oft erst nach langer, mühevoller Arbeit möglich. Die künstliche Synthese von Eiweißkörpern ist bisher noch nicht gelungen, jedoch gelang der Zusammenschluß von mehreren Aminosäuremolekülen zu Di-, Tri-, Tetra-, bzw. Polypeptiden, Stoffe, die bei der chemischen Aufspaltung von Eiweiß, bzw. beim Abbau von Eiweißstoffen im Organismus aufgefunden wurden. Es konnte gezeigt werden, daß verschiedene Eiweißarten aus den gleichen Aminosäurebestandteilen zusammengesetzt sind, nur daß diese in verschiedener Anzahl vertreten und verschiedenartig angeordnet sind. Die Kenntnis der chemischen Struktur ist hier besonders wünschenswert: Man will Einzelheiten über das Verhalten gewisser Atomgruppen, besonders der Amino- (NH_2) und der Carboxylgruppe (COOH) im gesamten Molekülverband wissen, welche Teile der verwendeten Bausteine miteinander reagieren und an welcher Stelle im Molekül die einzelnen Bestandteile eingebaut werden[20]. Die künstlich aktiven Indikatoren sind hier besonders geeignet, Antwort auf Fragen zu erteilen, die in diesem Zusammenhang gestellt werden müssen. Wir wollen von einigen Arbeiten berichten, die kürzlich auf diesem Gebiete gemacht wurden.

Glyzin (oder Glykokoll), Alanin und Leuzin sind drei aus der

---

[20] Als Beispiel seien die Strukturformeln einiger Aminosäuren angeführt, von denen weiter unten die Rede ist. Das Zeichen * deutet an, welche Atome durch ihre radioaktiven Isotope vertreten sind.

Leuzin:	Glyzin oder Glykokoll:	Methionin:	Taurin:
CH_3 CH_3	$CH_2 \cdot NH_2$	$CH_2 \cdot S* \cdot C*H_3$	$CH_2 \cdot SO_3H$
$\diagdown\diagup$	$\mid$	$\mid$	
CH	$C*OOH$	CH_2	$CH_2 \cdot NH_2$
$\mid$		$CH \cdot NH_2$	
CH_2		COOH	
$\mid$			
$H-C-NH_2$			
$\mid$			
COOH			

Gruppe der Monoaminosäuren, das heißt, sie enthalten nur eine NH_2-Gruppe. Sie sind uns als Abbauprodukte verdauter Eiweißkörper in Harn und Darm bekannt, bilden aber auch die Bausteine verschiedener anderer Eiweißverbindungen. Man injizierte Ratten Glyzin, welches ^{14}C in der Carboxylgruppe enthielt, und gleichzeitig gewöhnliches Leuzin. Es konnte das ^{14}C-haltige Dipeptil Leuzylglyzin im Rattenkörper nachgewiesen werden, dessen Synthese aus den beiden ursprünglich injizierten Aminosäuren dadurch nachgewiesen war.

Glyzin, das wieder ein markiertes Kohlenstoffatom in der Carboxylgruppe enthielt, wurde zusammen mit DL-Alanin der Nährlösung einer bestimmten Hefeart beigefügt. Nach zwei Stunden wurde die Hefe hydrolysiert und die Aminosäuren daraus chemisch isoliert. Es konnte auf diese Weise ein stoffwechselmäßiger Zusammenhang festgestellt werden zwischen dem Glyzin und einem den Aminosäuren verwandten Stoff, dem Prolin, welches als Baustein von Eiweißmolekülen bekannt ist.

Eine wichtige Aminosäure ist auch das Methionin. Ratten, bei denen eine Magenfistel angelegt worden war, wurde durch diese Fistel L-Methionin verabreicht, dessen Methylgruppe (CH_3) durch ein ^{14}C-Atom gekennzeichnet war. Die von den Ratten ausgeatmete Kohlensäure wurde gesammelt und von Zeit zu Zeit als Bariumkarbonat gefällt, dessen Radioaktivität hierauf bestimmt wurde. Die Oxydation der labilen Methylgruppe des Methionin zu CO_2 war bereits in der ersten Stunde, während der Versuch lief, feststellbar. Nach 52 Stunden waren bereits 31,4 % des verabreichten ^{14}C auf diese Weise ausgeschieden und gemessen worden. Während desselben Zeitraumes wurden 14,6 % der ursprünglich vorhandenen ^{14}C-Menge auf dem Harnwege ausgeschieden. Nach 52 Stunden wurde das Tier getötet und der Weg, den das verdaute Methionin genommen hatte, wurde durch Bestimmung der ^{14}C-Konzentration in den verschiedenen Organen ermittelt. Niere, Leber und Nebennieren zeigten die größte Aktivität, hierauf folgten, der Stärke ihrer Aktivität nach geordnet, Verdauungstrakt, Pankreas, Testes, Blut, Haut, Muskel- und Hirnsubstanz.

Da Methionin ein Schwefelatom enthält, kann seine Markierung auch durch das radioaktive Schwefelisotop ^{35}S erfolgen. Auf diese Weise gelang der Nachweis des Abbaues von Methionin zu Taurin, das den schwefelhältigen Bestandteil der sogenannten gepaarten

Gallensäuren, und zwar der Taurocholsäuren, bildet, die bei der Verdauung eine wichtige Rolle spielen. Alle vorhergegangenen Versuche ohne Verwendung von Radioindikatoren, durch Verabreichung bestimmter Diäten einen Zusammenhang zwischen diesen beiden Substanzen im Körper nachzuweisen, hatten keinen Erfolg gebracht. Die Versuche mit Radioschwefel sollen hier kurz beschrieben werden.

Einer Anzahl von Versuchshunden, denen eine Gallenfistel angelegt worden war, wurde sechs Tage hindurch Gallensäure verabreicht, um die vorhandenen Taurinmengen möglichst zu reduzieren. Am sechsten Tage erhielten sie Methionin, welches durch ^{35}S gekennzeichnet war. Die Gallensekretion wurde dann vier Tage hindurch gesammelt. Daraus wurde in bestimmten Zeitabständen Taurin isoliert und durch Aktivitätsmessungen festgestellt, daß geringe Taurinmengen aus dem radioaktiven Methionin gebildet worden waren.

Die Tatsache, daß nur ein geringer Teil des mit dem markierten Methionin verabreichten Radioschwefels in Galle, Harn und Faeces wiedergefunden wurde, führte zu einer allgemeinen Untersuchung der Gewebseiweißkörper. Man verwendete zu diesen Versuchen Ratten und Hunde, die nach längerem Fasten nur kleinere Mengen markierten Methionins erhalten hatten. Der Radioschwefelgehalt der verschiedenen Organe wurde bestimmt und aus den gewonnenen Resultaten konnten folgende Schlüsse gezogen werden: Der Schwefel des Methionins findet sich sehr bald als Schwefelatom des Cystins wieder. Es scheint sich also eine rasche Umwandlung der schwefelhaltigen Eiweißstoffe vieler Gewebe zu vollziehen. Die Annahme, daß der Austausch des Schwefelatoms durch Zusammenbruch und Neuaufbau des Peptidverbandes erfolgt, konnte auch durch andere Versuche, bei denen die Aminosäuren nicht mit radioaktiven, sondern mit den seltenen Isotopen ^{2}H, ^{13}C und ^{15}N markiert worden waren, bestätigt werden.

Zum Schluß seien noch folgende Tatsachen erwähnt, die sich auch als Resultat der Untersuchung des Eiweißstoffwechsels mit Hilfe von Radioschwefel ergeben haben: Obwohl Schwefel ein für den Organismus äußerst wichtiges Element ist, kann der Körper Schwefel, der mit der Nahrung zugeführt wird, nur unter ganz bestimmten Umständen verwerten. Wird der Schwefel nämlich als Sulfat aufgenommen, so wird fast die gesamte Dosis mit den Exkrementen sehr rasch wieder ausgeschieden und nur ein geringer Teil findet sich im Gewebe, hauptsächlich im Knochenmark, wieder. Zur

Synthese von Aminosäuren ist Schwefel in dieser Form unbrauchbar. Auch die Verabreichung von Sulfiden ergibt ungefähr dasselbe Resultat, da diese sehr rasch zu Sulfat oxydiert werden. Sehr aufnahmebereit zeigt sich der tierische Organismus jedoch gegenüber Schwefel-Aminosäuren (Methionin, Cystein). Versuche an Ratten, die mit Hilfe einer Gallenfistel eine kleine Dosis Methionin erhalten hatten, zeigten, daß kurze Zeit später bereits 56 Prozent des im Methionin enthaltenen Schwefels vom Eiweiß des Körpergewebes aufgenommen worden war.

Versuche an Pflanzen zeigten ein ganz anderes Bild: Hier findet eine sehr rasche Verarbeitung von Schwefeldioxyd und Sulfaten zu organischen Schwefelverbildungen statt. Jedoch kann ein organisch gebundenes Schwefelatom auf seinem Wege durch die Pflanze auch bald wieder in einem anorganischen Sulfat auftauchen, um ebenso rasch wieder in organisch gebundenen Schwefel verwandelt zu werden.

6. Herstellung markierter, organischer Substanzen durch Biosynthese.

Eigenschaften des Radiokohlenstoffes — radioaktiver Kohlenstoff in Methan und Bernsteinsäure — neue Assimilationstheorie.

Bei Indikatorversuchen an organischer Substanz regt sich naturgemäß besonders der Wunsch nach markiertem Kohlenstoff, doch stellen sich dem Forscher gerade hier Schwierigkeiten in den Weg, denn die radioaktiven Eigenschaften der bisher bekannten Kohlenstoffisotope machen diese für Indikatorenversuche nur unter bestimmten Umständen geeignet. Es gibt zwei Kohlenstoffisotope, die als Radioindikatoren verwendet wurden. ^{11}C, ein Positronenstrahler, besitzt eine genügend energiereiche Strahlung, um bequem nachgewiesen werden zu können, doch ist seine Halbwertszeit von 20,5 Minuten für biologische Untersuchungen oft recht kurz. Die Halbwertszeit von ^{14}C beträgt dagegen 5000 bis 6000 Jahre und seine Aktivität ist dementsprechend ziemlich schwach und nur mit besonders konstruierten Zählrohren nachweisbar Die lange Halbwertszeit bringt außerdem den Nachteil mit sich, daß bei Versuchen an lebenden Objekten, besonders am Menschen, die einmal aufgenommene Aktivität nicht von selbst wieder abstirbt, sondern nur auf dem Stoffwechselwege wieder ausgeschieden zu werden vermag, was gerade beim Kohlenstoff längere Zeit in Anspruch nehmen kann. Man ist also bei gewissen Versuchen auf das kurzlebige ^{11}C angewiesen, das den Nachteil der kurzen Halbwertszeit dadurch wettmacht, daß man mit Bestrahlung von Bor im Zyklotron imstande ist, Präparate von so großer Anfangsaktivität herzustellen, daß bei Versuchen, die nur wenige Stunden dauern, ^{11}C noch immer in beobachtbarer Menge vorhanden ist.

Durch Bestrahlung von Boroxyd (B_2O_3) erhält man durch Atomumwandlung von Bor in Kohlenstoff markiertes Kohlenmonoxyd C*O, das leicht in C*O_2 übergeführt werden kann. C*O_2 dient als Ausgangsmaterial für den Aufbau der verschiedensten, markierten, organischen Verbindungen, welche ihrerseits als biochemische Indikatoren verwendet werden können. Da man aber wegen der kurzen Lebensdauer von ^{11}C nur sehr wenig Zeit zur Verfügung hat und die chemische Synthese in den meisten Fällen doch nicht rasch genug durchzuführen ist, so kam eine Gruppe von Forschern auf den genialen Gedanken, die sogenannte Biosynthese zur Herstellung markierter, organischer Substanzen zu verwenden: Pflanzen besitzen nämlich die Fähigkeit CO_2 „einzuatmen" (Assimilation) und zusammen mit Wasser zu organischen Verbindungen, besonders Stärke und Zucker, aufzubauen. Außerdem vermögen gewisse Mikroorganismen, z. B. Bakterien, auf dem Wege ihres Stoffwechsels assimiliertes CO_2 zum Aufbau der verschiedensten, organischen Verbindungen zu verwenden. Da die Synthese dieser Stoffe auf biologischem Wege erfolgt, so nennt man diesen Vorgang *Biosynthese*[21]. Mikroorganismen spielen eine große Rolle bei gewissen Veränderungen, die an organischen Substanzen vor sich gehen können. Man denke z. B. an die Vergärung von Zucker zu Alkohol durch Hefepilze, das Sauerwerden von Milch durch die Wirksamkeit von Milchsäurebakterien, das Sauerwerden des Weins (Essigbildung), das Ranzigwerden der Butter usw., Vorgänge, die durch das Vorhandensein bestimmter Mikroorganismen hervorgerufen werden. Läßt man nun einen dieser Prozesse in einer Atmosphäre von markierter Kohlensäure vor sich gehen, dann findet man den aktiven Kohlenstoff in den entstandenen Produkten wieder. Diese Methode, orga-

---

[21] Wir haben schon im vorigen Kapitel, beim Aufbau von Polypeptiden, Fälle von Biosynthese kennengelernt.

nische Substanzen zu markieren, hat nicht nur den Vorteil, wenig Zeit zu beanspruchen, sie gewährte auch näheren Einblick in die chemischen Prozesse, die sich bei der Biosynthese abspielen. Die Versuche sind außerdem sehr einfach durchzuführen:

Zum Beispiel vermögen Methanbakterien *(Methanbacterium Omelianskii)* Äthylalkohol in Essigsäure überzuführen (Weinessig). Man bringt die betreffenden Bakterienkulturen in ein Medium, das Äthylalkohol und C^*O_2 enthält. Die Verwandlung des Alkohols in Essigsäure vollzieht sich nach folgender chemischer Formel:

$$2\ C_2H_5OH \quad + \quad C^*O_2 \quad = \quad 2\ CH_3COOH \quad + \quad C^*H_4$$

Alkohol   Essigsäure   Methan

Man findet die gesamte Aktivität im Methan wieder, das bei diesem Prozeß als Nebenprodukt entsteht. Es gelang auf diese Weise, innerhalb von 40 Minuten den größten Teil des verwendeten C^*O_2 in radioaktives Methan umzuwandeln.

Das Protozoon[22] *Tetrahymena Gelii* vermag Glukose in drei organische Säuren, Essigsäure, Milchsäure und Bernsteinsäure, aufzuspalten. Vollzieht sich dieser Vorgang in Gegenwart von wenigen Kubikzentimetern markierter Kohlensäure, dann kann man bereits nach 30 Minuten etwa 50 Prozent des markierten Kohlenstoffes in der Bernsteinsäure wiederfinden. Die anderen Säuren enthalten keine Aktivität.

Zum Schluß sei noch folgender interessanter Versuch erwähnt, der zeigt, wie die Pflanzen imstande sind, assimilierte Kohlensäure, unter Abgabe von Sauerstoff, zu höheren organischen Verbindungen aufzubauen. Bekanntlich spielt dabei das Sonnenlicht eine wesentliche Rolle, da es die für den Prozeß nötige Energie liefert. Man hielt Gerstenpflanzen in einer Atmosphäre von C^*O_2 und studierte sie im Dunkeln und unter dem Einfluß von Licht. Das Ergebnis war, daß man die bisherigen Vorstellungen, die man sich über das Wesen der Photosynthese, das heißt, über den Aufbau der Kohlehydrate (Zucker und Stärke) bei Einwirkung von Sonnenlicht, gemacht hatte, einer Revision unterziehen mußte: Die Kohlehydrate werden nicht sofort gebildet, wie man bisher annahm, sondern es entsteht

---

[22] Protozoon $=$ einzelliges Lebewesen, höher entwickelt als Bakterien.

im Licht ein gewisser Stoff, dessen chemische Identifizierung derzeit allerdings noch nicht gelungen ist. Dieser Stoff ist es, der während der Dunkelzeit die Synthese der Kohlehydrate bewirkt. 20 Prozent einer gegebenen $C*O_2$-Menge konnten in der Gerstenpflanze als markierter Zucker wiedergefunden werden.

III. Radioaktive Isotope in Diagnostik und Therapie.

1. Radioindikatoren auf medizinischem Gebiete.

Dosis-Bestimmungen bei Eisenbehandlungen mit Hilfe von Radioeisen — Blutkonserven — radioaktives Penicillin.

Bisher hörten wir von der Arbeit der Physiologen, Biologen und Biochemiker und erfuhren einiges über die Verwendungsmöglichkeiten für radioaktive Isotope auf diesen Gebieten. Die Erkenntnisse, die mit Hilfe des neuen Verfahrens gewonnen werden konnten, reichen jedoch in ihrer Bedeutung über ihr jeweiliges Gebiet weit hinaus. Einer der schönsten Erfolge dieser Untersuchungen mag es sein, daß sie u. a. auch der Medizin einige wertvolle Hinweise zur Bereicherung ihrer Heilmethoden liefern konnten.

Erinnern wir uns z. B. an die Ergebnisse der Experimente mit Radioeisen. Man hatte gefunden, daß der Organismus nur in sehr begrenztem Maße imstande ist, oral verabreichtes Eisen zu verarbeiten. Selbst bei akutem Eisenmangel benötigt der Körper einige Zeit, um eine größere Eisenmenge aufnehmen zu können. Eisenbehandlungen müssen daher über einen längeren Zeitraum erstreckt werden, um wirksam werden zu können. Es gelang, jene Dosis zu bestimmen, die vom Organismus am besten ausgenützt wird. Versuche hatten gezeigt, daß der normale Erwachsene von 0,2 bis 1,0 mg Eisen nur 50 bis 80 Prozent aufzunehmen vermag. Kleinere Dosen dürften prozentuell noch besser ausgenützt werden.

Die optimale Eisenmenge ist nicht immer dieselbe: Während Wachstum und Schwangerschaft hat der Organismus einen höheren Eisenbedarf. *P. F. Hahn* in Amerika, welcher zusammen mit seinen Mitarbeitern die größte Zahl der bisherigen Versuche mit Radioeisen ausführte, fand, daß während der Schwangerschaft eine erhöhte Eisenaufnahme stattfindet, welche mit zunehmender Gravidität stark ansteigt.

Tab. 3[23]. **Aufnahme von Radioeisen in den einzelnen Schwangerschaftsmonaten.**

Zahl der Patienten in den einzelnen Gruppen	Fe-Aufnahme in den einzelnen Schwangerschaftswochen in %			
	0—10	11—20	21—30	31—40
22	18,2			
122		21,4		
108			31,5	
77				38,5

Die Versuche stammen aus dem Vanderbilt University Hospital, USA, und wurden bisher an über 800 ambulanten Patientinnen routinemäßig durchgeführt.

Infektionskrankheiten können die Eisenaufnahmsfähigkeit bedeutend herabsetzen. Gibson und Finch (1947) geben an, daß zunehmend mit der Schwere des klinischen Falles, die Eisenaufnahme bis auf $^1/_5$ ihres normalen Wertes absinken kann.

Man weiß, daß bei akuten Anämien Eisen dem Patienten nur in Form von Hämoglobin, das heißt also nur durch Bluttransfusion, zugeführt werden kann. In diesem Zusammenhang sei erwähnt, welche wichtige Hilfe Radioeisen bei der Verbesserung der Bluttransfusionstechnik geleistet hat, da es die Auffindung des besten Blutkonservierungsmittels ermöglichte. Eine der wichtigsten Bedingungen für das Gelingen einer Bluttransfusion ist, daß das Blut des Spenders im Körper des Empfängers möglichst lange erhalten bleibt, damit dem Empfänger Zeit gegeben wird, den kritischen Zustand, in dem er sich befindet, zu überwinden. Mit Hilfe von Radioeisen gelang es nun, die Blutkörperchen des Spenders zu markieren. Auf diese Weise wurde es leicht, ihre Lebensdauer im Empfängerorganismus zu studieren und festzustellen, welchen Einfluß gewisse Zusatzmittel auf die Konservierungsfähigkeit des Blutes besitzen. So gelang es, Blut außerhalb des Organismus für einige Wochen haltbar zu machen. Die moderne Chirurgie hat durch diese Blutbevorratung die Möglichkeit, einerseits durch sofortige Blutübertragung gefährdetes Leben zu retten, anderseits kann sie heute durch gleichzeitige Blutzufuhr bei schwersten, lang dauernden Operationen die Gefahren solcher Eingriffe wesentlich verringern. In den Vereinigten Staaten verfügen die größeren Spi-

---

[23] *Hahn, Carothers, Cannon, Sheppard, Darby, Kaser, McClellan* und *Densen,* 1947. Vanderbilt University Hospital.

täler heute alle über einen Vorrat von Konserven der verschiedenen Blutgruppen, wodurch Bluttransfusionen unter bedeutend vereinfachten Bedingungen durchgeführt werden können.

Eine weitere interessante Verwendung von Radioindikatoren auf medizinischem Gebiet sind die kürzlich begonnenen Versuche mit *radioaktivem Penicillin*, durch welche der Wirkungsmechanismus dieses Medikamentes auf bestimmte Bakterienstämme aufgedeckt werden soll[24]. Die Markierung erfolgte durch das aktive Schwefelisotop ^{35}S. Eine andere Versuchsreihe[25] läuft mit einem Penicillin-Spray, der bei verschiedenen Erkrankungen der Lunge (Lungenabszeß, Bronchialinfektionen, Asthma usw.) verabreicht wird. Der Träger der Radioaktivität war in diesem Falle Radionatrium. Die gestellten Fragen beziehen sich auf die Vervollkommnung der bisher angewandten Zerstäubungsmethoden, auf das Eindringungsvermögen des zerstäubten Penicillins in die feinsten Lungenbläschen und auf die Feststellung der geeignetsten so zu verabreichenden Penicillindosis. Die Versuche sind in vollem Gange.

2. Radioaktive Isotope als diagnostische Hilfsmittel.

Neue Bestimmung der Blutumlaufsgeschwindigkeit — Bestimmung der Strömungsgeschwindigkeit des Blutes — Testverfahren bei peripheren Gefäßerkrankungen — tumoraffine Farbstoffe.

Versuche mit verschiedenen Radioelementen führten zu einer Bereicherung der diagnostischen Methoden der Medizin. So gelang es z. B. unter Zuhilfenahme von Radiophosphor, eine einfache und exakte Methode zur Bestimmung der *Umlaufszeit des Blutes* auszuarbeiten[26], deren Feststellung eine diagnostische Hilfe bei bestimmten Herzerkrankungen sein kann. Bei dieser Methode ist besonders erwähnenswert, daß dem Patienten dabei einige cm^3 eigenes, durch ^{32}P markiertes Blut in die Vene des einen Armes eingespritzt wird, um nach einer bestimmten, für den jeweiligen Fall charakteristischen Zeit in der Arterie des andern Armes festgestellt zu werden. Das Blut war durch zwei Stunden langes Schütteln mit P*-hältiger Natriumphosphatlösung im Thermostaten bei 37° C mar-

[24] *D. Rowley, J. Miller, S. Rowlands* und *E. Lester-Smith:* Nature, *161,* 1009, 1948.

[25] *T. Talbot, E. Quimby* und *A. L. Barach:* Am. J. M. Sc. 1947.

[26] *G. Nylin* und *M. Malm:* Cardiologia, VII, 153, 1943.

kiert worden. Nach dieser Zeit war ^{32}P auf Plasma und rote Blutkörperchen ungefähr gleichmäßig verteilt. Für die Versuche verwendete man jedoch nur letztere. Das brachte den Vorteil mit sich, daß während der gesamten Versuchsdauer keine Abnahme der Aktivität, verursacht durch Resorption von Phosphor, im Körpergewebe stattfindet. Es konnte bestätigt werden, daß die Verzögerung der Kreislaufgeschwindigkeit nicht nur durch eine Verzögerung der Strömungsgeschwindigkeit bei dekompensiertem Herzen hervorgerufen wird, sondern daß sie auch von der Restblutmenge eines erweiterten, jedoch kompensierten Herzens abhängt.

Andere Versuche mit Radionatrium führten zu einem Testverfahren zur Feststellung der *Strömungsgeschwindigkeit* des Blutes[27]. Die markierte Substanz wurde in die Armvene injiziert und die Arm-Fuß-Zirkulation mit Hilfe eines an der Fußsohle des Patienten befestigten Zählrohres gemessen. Um das Zählrohr gegen störende Strahlung aus dem übrigen Körper zu schützen, war es von einer Bleihülle umgeben, in der ein kleines Fenster ausgespart blieb, durch welches die zu messende Strahlung in das Zählrohr eintreten konnte. Smith und Quimby verwendeten diese Versuchsanordnung zur Untersuchung der Blutzirkulation bei peripheren Gefäßerkrankungen. Das Zählrohr zeigte einen langsamen Anstieg der Aktivität, da immer mehr Radionatrium aus dem Blutplasma an die Extracellularflüssigkeit der Gewebe abgegeben wird, wo es einige Zeit verbleibt. Nach etwa 45 Minuten ist das Maximum der Aktivität erreicht. Diese Zeit ist sowohl beim gesunden wie beim erkrankten Individuum ungefähr dieselbe. Es konnte jedoch gezeigt werden, daß die Form der Anstiegskurve beim Erkrankten in deutlicher und für die jeweilige Erkrankung charakteristischer Weise vom Normalfall abweicht. In Abb. 20 geben die beiden punktiert gezeichneten Linien den Bereich an, in dem die Aktivitätsanstiegskurve bei normaler Blutzirkulation verlaufen soll. Liegen periphere Gefäßerkrankungen vor, welche die Blutzirkulation beeinträchtigen, dann geht der Anstieg der Aktivität langsamer vor sich: Die Kurve ist flacher als im Normalfall. Herrscht jedoch aus irgendeinem Anlaß ein vermehrter Blutandrang vor, so verläuft die Anstiegskurve steiler.

Die Kurven *a* und *b* in Abb. 20 geben den Verlauf des Akti-

---

[27] *B. C. Smith* und *E. H. Quimby*, Radiologie *45*, 336, 1945.

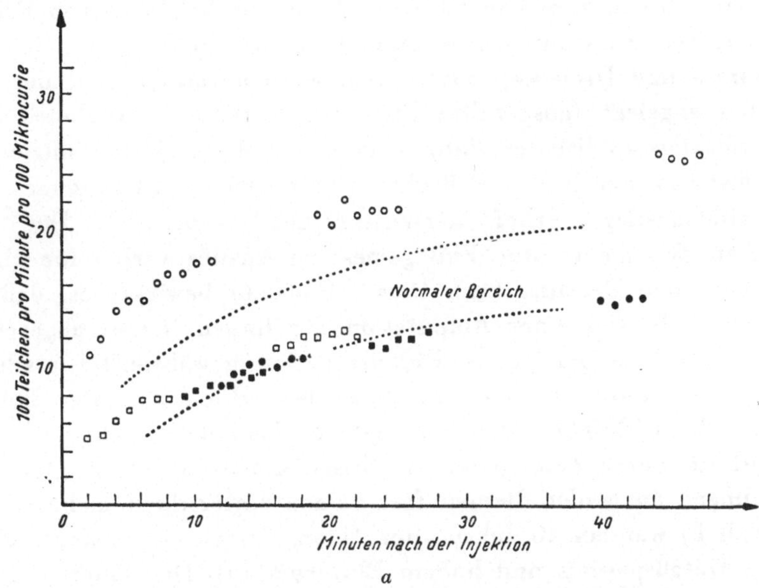

a Der Patient litt an Arteriosklerose und einem Ulcus am linken Fuß (◯). Die Messungen wurden 6 Monate später wiederholt (◯, □), als das Geschwür bereits abgeheilt war.

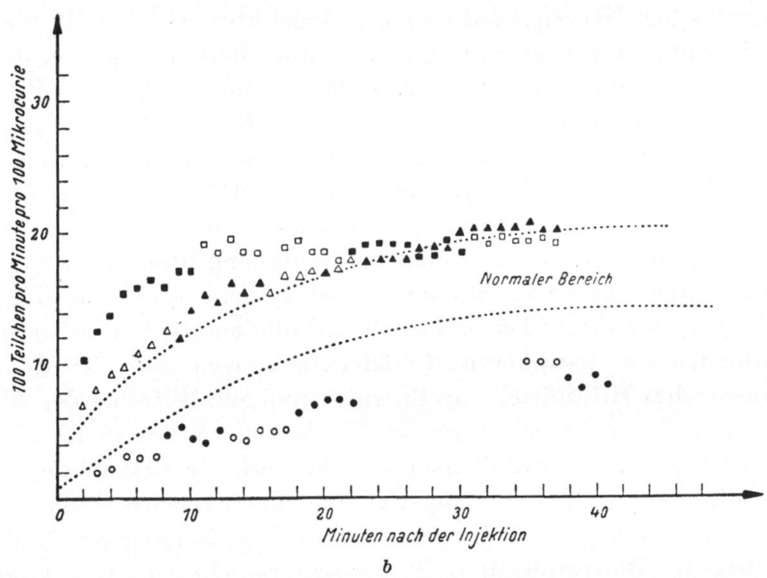

b Aufnahmen des Radionatrium-Anstiegs bei einem Patienten mit sehr hohem Blutdruck: (◯, ●) vor der Operation; (□, ■) 2 Monate nach erfolgter thoracolumbaler Sympathectomie; (△, ▲) 2 Jahre später.

Abb. 20. Anstieg der Radionatrium-Aktivität im Blut, gemessen einmal am linken (◯, □, △) und einmal am rechten (●, ■, ▲) Fuß des Patienten.

vitätsanstiegs in zwei von Smith und Quimby beschriebenen Fällen wieder. Das Zählrohr wurde einmal an den linken Fuß (Kreise, Quadrate und Dreiecke) und einmal an den rechten Fuß des Patienten angelegt (ausgefüllte Figuren). In Fall a) (Diabetes und Arteriosklerose) litt der Patient an einem diabetischen, infizierten Geschwür an der linken Fußsohle. Der an diesem Fuße gemessene Aktivitätsanstieg verlief dementsprechend steil ($\bigcirc$). Der zur gleichen Zeit am rechten Fuß gemessene Anstieg verlief innerhalb des normalen Bereichs ($\bullet$). Dieser Umstand bewirkte es, daß in diesem Falle von einer Amputation des linken Beines abgesehen wurde, da eine genügende Blutzirkulation gewährleistet erschien und kein fortschreitender Prozeß zu befürchten war. Der Erfolg bewies die Richtigkeit dieser Annahme, denn das Geschwür heilte tatsächlich kurze Zeit später ab. Sechs Monate später zeigten die Messungen an beiden Beinen fast keinen Unterschied mehr an.

Fall b) war ein 40 Jahre alter Mann, der an einem kontinuierlichen Gefäßspasmus und hohem Blutdruck litt. Die äußeren Symptome waren heftigste Kopfschmerzen, der Patient war arbeitsunfähig (unterster Kurvenzug $\bigcirc, \bullet$). Eine beidseitige Operation am sympathischen Nervengeflecht brachte Erleichterung. Der Blutdruck des Patienten war zwar noch immer ziemlich hoch, er war jedoch beschwerdefrei und voll arbeitsfähig. Smyth und Quimby berichten über eine Reihe von Fällen, in denen die Indikation für Sympathectomy mit Hilfe dieses Verfahrens überprüft wurde. Diese Operation verspricht nur dann einen Erfolg, wenn die Aktivitätsanstiegskurve des Patienten deutlich unter dem normalen Bereich liegt. Solche Kurven glaubt man mit Spasmen in Verbindung bringen zu können und nur diese werden durch eine Sympathectomie günstig beeinflußt.

Es wird berichtet, daß dieser Blutzirkulationstest bereits bei den verschiedensten peripheren Gefäßerkrankungen mit Erfolg als diagnostisches Hilfsmittel, zur Prognose und zur Hilfe bei der Wahl der Therapie herangezogen wurde. Wiederholte Versuche am selben Patienten gaben Aufschluß über den Verlauf der Erkrankung und über die Wirksamkeit der angewandten Medikamente. Eine Reihe von Amputationen konnte vermieden werden. Zeigten die Kurven ungenügende Blutzufuhr an, z. B. bei Gangrän (Brand), dann konnte mit Hilfe dieser Methode festgestellt werden, bis zu welchem Teil des Beines die Blutzirkulation normal verlief. Auf diese Weise konnte bei einer Anzahl von Fällen von der Amputation des Kniegelenks abgesehen werden. Versuche zur Prüfung der Wirksamkeit verschiedener Medikamente und physikalischer Therapien werden durchgeführt.

Moore und *Tobin*[28] stellten interessante Tierversuche an, um zu einer einfachen, diagnostischen Methode zur Feststellung interner Abszesse zu gelangen. Es war bekannt, daß gewisse kolloidale Farbstoffe die Eigenschaft besitzen, im Bereiche entzündlicher Prozesse bevorzugt gegenüber dem übrigen Körpergewebe abgelagert zu werden. Ein solcher Farbstoff ist Di-Brom-Trypanblau, und es gelang, diese Substanz durch das radioaktive Bromisotop ^{82}Br zu markieren. Die aktiven Bromatome waren dabei fix als Glieder des aromatischen Ringes im Farbstoffmolekül gebunden, so daß keine Gefahr bestand, daß die Aktivität durch Austausch des Bromatoms im Körper geschwächt würde. Einer Anzahl von Versuchstieren wurde jeweils am Hinterbein ein künstlicher Abszess gesetzt, indem man rings um implantierten Agar-Agar sehr virulente Staphylokokken injizierte. Während der Zeit, in der sich der Abszeß entwickelte, wurde der markierte Farbstoff intravenös verabreicht und hierauf das betäubte Tier mit Hilfe eines kleinen Zählrohres äußerlich nach radioaktiver Strahlung untersucht. Außer einer gewissen Aktivität in den Gegenden von Leber, Milz, Herz und Lunge, die man erwartet hatte, waren keine größeren Brommengen aufzufinden. Führte man das Zählrohr längs der Mittellinie des Körpers gegen das Schwanzende, so nahm die Aktivität sehr stark ab. Die Gegend des künstlichen Abszesses jedoch bewies durch sehr starke Aktivität, daß ein großer Teil des Farbstoffes hier abgelagert worden war. Der Versuch gelang jedesmal, wenn sich der Abszeß an einem der Hinterbeine des Tieres befand. Lagen die Abszesse jedoch in der Bauchregion, dann ergab sich nur in etwas mehr als 70 Prozent der Fälle ein eindeutiges Resultat[29]. Da nun aber gerade die Diagnose von intra-abdominalen Abszessen für den Arzt von großer Wichtigkeit ist, so wird noch weiter an der Verbesserung der Methode gearbeitet.

---

[28] *F. D. Moore* und *L. H. Tobin*, Journ. Clin. Investigation *21*, 471 1942; *22*, 155 1943; *22*, 161 1943.

[29] Anmerkung d. Verf.: Allerdings scheint bei diesen Versuchen nur ein gewöhnliches Zählrohr verwendet worden zu sein. Eine verfeinerte Meßtechnik, bei welcher nur radioaktive Strahlen, die aus einer ganz bestimmten Richtung stammen, berücksichtigt werden, könnte möglicherweise die Ergebnisse bedeutend verbessern.

3. Künstlich radioaktive Isotope als Strahlenquelle in der Therapie.

Strahlungsquellen im Körper — Radiogold im Tumor — Radio-
phosphor-Therapie — Radiojod-Therapie.

In den bisher beschriebenen Versuchen und Verwendungsmethoden dienten die radioaktiven Isotope als Indikatoren. Wir wollen nun von einer neuen Verwendungsart berichten, bei welcher der Einfluß der radioaktiven Strahlung auf das Gewebe zu Heilzwecken herangezogen wird.

Die Wirkung der radioaktiven Strahlung auf das Körpergewebe ist bereits von der Radium- und Röntgentherapie her genügend bekannt. Während kleinste Strahlendosen auf gesundes Gewebe im allgemeinen anregend wirken, wird es durch größere Dosen geschädigt, bzw. zerstört. Durch die Strahlung wird besonders die Zellteilung und damit das Wachstum des Gewebes beeinträchtigt. Darauf scheint die Tatsache zu beruhen, daß bösartige Neubildungen, für die das durch übermäßige Zellvermehrung hervorgerufene rasche Wachstum charakteristisch ist, der zerstörenden Wirkung radioaktiver Strahlung gegenüber empfindlicher sind als gesundes Körpergewebe.

Es war von jeher ein gewisser Nachteil der Radium- und Röntgenbestrahlung, daß bei Krankheitsherden, die nicht an der Körperoberfläche liegen, die Strahlungsquelle nicht direkt an das kranke Gewebe herangebracht werden kann, so daß durch die Bestrahlung auch gesundes Gewebe getroffen und manchmal unvermeidlich auch geschädigt wird. So mußte in manchen Fällen, die an und für sich durch Bestrahlung zu bessern gewesen wären, trotzdem von einer solchen Behandlung abgesehen werden. Dieser ungünstige Umstand wird weitgehend vermieden, wenn es gelingt, dem Körper radioaktive Substanzen zuzuführen, die nur im Krankheitsherd abgelagert werden, um diesen, sozusagen von innen heraus, zu bestrahlen und zu zerstören. Indikatorversuche hatten gezeigt, daß manche Elemente im Körper nur an ganz bestimmten Stellen abgelagert werden, oder wenigstens in gewissen Organen bedeutend bevorzugter verweilen, als im übrigen Körper. So wird z. B. Jod fast ausschließlich in der Schilddrüse, Strontium in den Knochen und Phosphor vorzugsweise in den Knochen angesammelt. Man hat versucht, diese Tatsache in der Strahlentherapie auszunützen.

Die genannten Elemente besitzen alle eine ziemlich „weiche" β-, bzw. γ-Strahlung, das heißt, daß die von ihnen ausgesandte Strahlung keine allzu dicken Gewebsschichten zu durchdringen vermag. Daraus ergibt sich für die therapeutische Verwendung dieser Elemente der weitere Vorteil, daß tatsächlich nur das kranke, nicht aber das benachbarte gesunde Gewebe von der Strahlung getroffen wird. Die verwendeten Strahlungsquellen können überdies bei diesem Verfahren sehr klein sein, da sie ohne Vorabsorption durch anderes Gewebe wirken können.

Allerdings ist die bisher erreichte selektive Ablagerung radioaktiver Stoffe im Körper für alle Krankheitserscheinungen, die durch Bestrahlung behandelt werden können, bei weitem noch nicht befriedigend. In vielen Fällen würde die Konzentration der Aktivität auf ein viel kleineres Körpergebiet wünschenswert sein, als es derzeit möglich ist. Sollte es einmal gelingen, eindeutig „tumoraffine" radioaktive Substanzen zu entdecken, wären der Medizin sowohl diagnostische wie therapeutische Hilfsmittel in die Hand gegeben, deren Einsatz u. a. im Kampfe gegen den Krebs segensreichste Bedeutung haben könnte.

Experimente in dieser Richtung wurden bereits von den verschiedensten Forschergruppen unternommen. Die Versuche mit Trypanblau wurden bereits erwähnt. In jüngster Zeit wurden vielversprechende Untersuchungen mit den Goldisotopen ^{198}Au und ^{199}Au durchgeführt[30]. Radiogold wird in kolloidaler Lösung direkt in den Tumor injiziert. Dank ihrer Unlöslichkeit in der Gewebsflüssigkeit verbleiben die kolloidalen Goldpartikelchen an der Injektionsstelle. Aktivitätsmessungen ergaben ein Abnehmen der Aktivität mit der Halbwertszeit des Goldes, was beweist, daß kein Abtransport auf dem Blutwege stattfindet. Auf diese Art scheint tatsächlich die gewünschte diffuse Bestrahlung in ganz bestimmten, eng begrenzten Gewebspartien erreicht zu sein. Eine gewisse Ausnahme hievon bilden allerdings sehr weiche oder blutgefäßreiche Tumore, die das Radiogold nicht festzuhalten vermögen. P. F. Hahn und seine Mitarbeiter beschreiben eine Anzahl von Fällen, in denen Radiogold bei malignen Neubildungen angewandt wurde. Die Untersuchungen stehen erst im Anfangsstadium, jedoch erscheinen die erzielten Resultate erfolgversprechend. Eine Verbesserung erhofft

---

[30] *P. F. Hahn, J. P. B. Goodell, C. W. Sheppard, R. O. Cannon* und *H. C. Francis.* Journ. Lab. Clin. Medicine, *32,* 1442, 1947.

man sich von der Verwendung von Radiosilber an Stelle von Gold, da man annehmen muß, daß dieses Metall sich noch besser im Gewebe fixieren läßt. Auch Radiozink, suspendiert in Pectin-Sol,

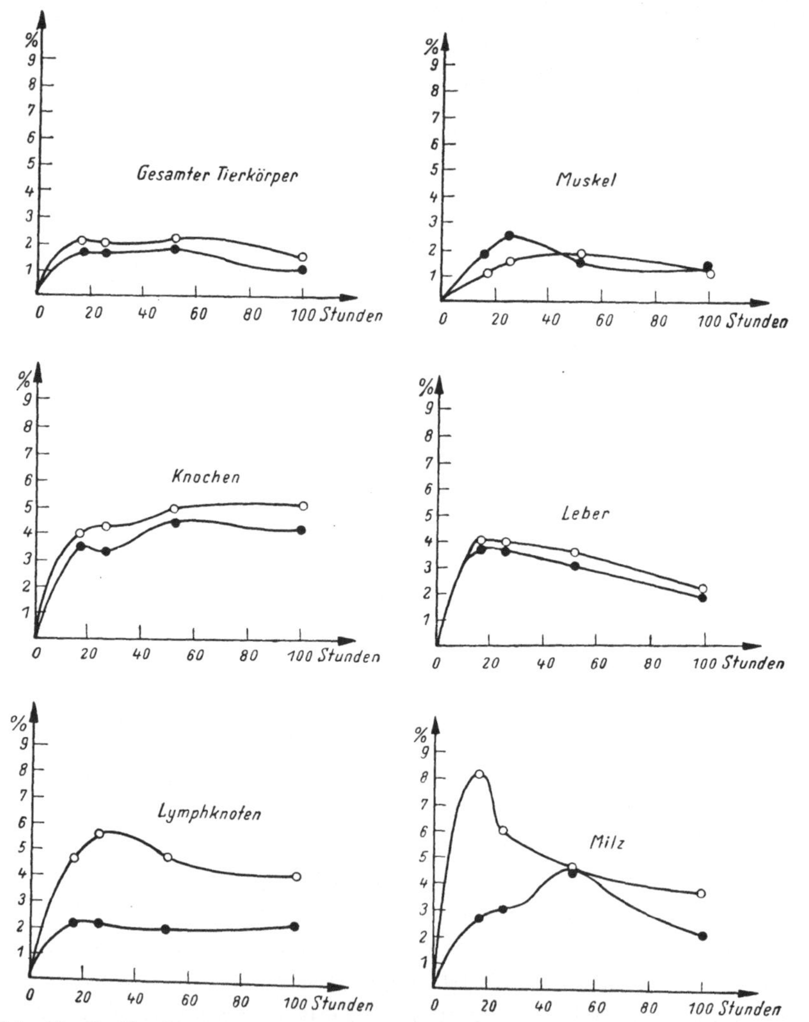

Abb. 21. Radiophosphorverteilung bei gesunden und leukämischen Mäusen. (Nach *J. H. Lawrence.*)

läßt sich gut im Gewebe fixieren und ist so für Bestrahlungen verwendbar, die auf engen Raum beschränkt bleiben sollen. *Müller*[31] in der Schweiz hat nach einer Reihe von günstig verlaufenen Tier-

---

[31] *J. H. Müller*, Journ. Suisse Médecine 77, 236, 1947.

experimenten Radiozink in einigen Fällen von unheilbarem Krebs auch beim Menschen angewendet und konnte über einige Vorzüge dieser Methode (deutliche Besserung des Allgemeinbefindens des Patienten, Rückgang des Ascites) berichten.

Im folgenden soll nun die Behandlung einer Reihe von Erkrankungen besprochen werden, die auf Grund der selektiven Ablagerung künstlich radioaktiver Isotope erfolgreich durchgeführt werden konnte.

Radiophosphor. Den ersten Versuch der Anwendung eines Radioelementes zu Heilzwecken unternahm *J. H. Lawrence* in Amerika. Er veröffentlichte erstmalig im Jahre 1939 und 1940[32] die Erfolge seiner „innerlichen" Radiophosphorbestrahlung. Versuche an leukämiekranken Menschen und Tieren hatten gezeigt, daß das durch diese Krankheit in Mitleidenschaft gezogene Gewebe, alle jene Orte im Körper, in denen leukämische Infiltrationen auftreten, z. B. in den Lymphknoten, in der Milz und in der Leber, einen besonders hohen Phosphorstoffwechsel aufweisen. (Abb. 21.) Diese Gewebe nehmen während einer bestimmten Zeit bedeutend mehr Phosphoratome in sich auf, geben sie aber während derselben Zeit auch wieder ab, so daß ihr gesamter Phosphorgehalt nach kurzer Zeit nicht viel größer ist als der des übrigen Körpers (vgl. in Abb. 21: Kurvenverlauf für den gesamten Tierkörper). Durch leukämisches Gewebe zieht also in der Zeiteinheit ein größerer Phosphorstrom, als durch gesundes Gewebe. Noch ein weiterer, günstiger Umstand tritt hinzu: Nucleoproteine tauschen ihren Phosphor viel langsamer aus, als die säurelöslichen Phosphorverbindungen und die Phosphorlipoide der Zelle. Daher zeigen neu gebildete Zellen einen viel höheren Radiophosphorgehalt, als Zellen, die zur Zeit der Radiophosphoraufnahme schon ausgewachsen waren. Das ist eine weitere Ursache dafür, daß neoplastische Zellen mehr Radiophosphor enthalten im Vergleich zu gesundem Gewebe. (Abb. 22.) Außerdem war bereits bekannt, daß Knochen und Knochenmark ebenfalls ziemlich hohe Phosphorkonzentrationen besitzen, jedoch vermögen sie den Phosphor viel länger festzuhalten als andere Körperorgane, deren reger Stoffwechsel jedesmal auch wieder für einen raschen Abtransport des Phosphors sorgt.

---

[32] *J. H. Lawrence, K. G. Scott* und *L. W. Tuttle:* Internat. Clin. 3, 33, 1939. *J. H. Lawrence:* Radiology, *35,* 51, 1940.

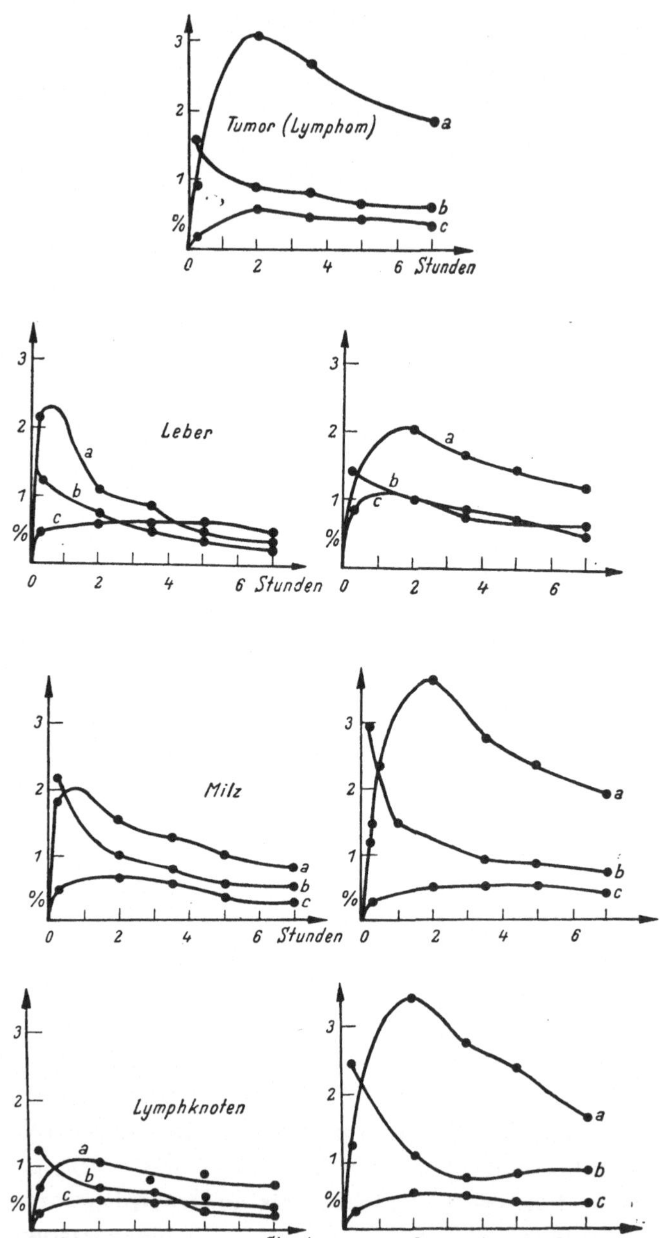

Abb. 22. Phosphorstoffwechsel in neoplastischen Geweben. Es wurde der Unterschied der Radiophosphoraufnahme bei gesunden (rechts) und leukämischen (links) Mäusen studiert (*J. H. Lawrence*).

Kurve: *a* Nucleoprotein, *b* Säurelösliche Phosphorverbindungen, *c* Phosphorlipoide.

Alle diese Umstände führten den Arzt *Lawrence* dazu, die β-Strahlung des Phosphorisotops ^{32}P zur Therapie bei Erkrankungen des Blutes und des Knochenmarks sowie bei bösartigen Neubildungen im Gebiete des Knochens heranzuziehen. Er verabreichte seinen Patienten zunächst kleine Mengen von Natriumbiphosphat, das einige Millicurie[33] Radiophosphor enthielt. Er erreichte dadurch

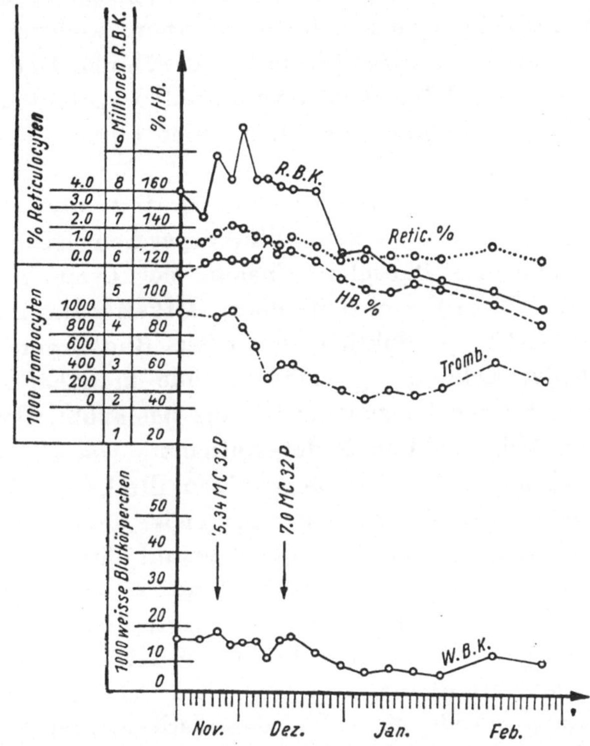

Abb. 23. Blutbild eines Patienten, der an *Polycythemia vera* erkrankt war. Absinken der Werte für Hämoglobin und rote Blutkörperchen, bei gleichzeitigem leichtem Anstieg der Zahl der Reticulocyten (*Lawrence* 1940).

außer der konzentrierten Strahlung an den gewünschten Stellen auch eine ganz schwache, aber sehr gleichmäßig verteilte Allgemeinbestrahlung des ganzen Körpers, die das Allgemeinbefinden des Patienten günstig beeinflußte. ^{32}P hat eine Halbwertszeit von etwas über 14 Tagen, dadurch ist eine gleichmäßige Bestrahlung über einen Zeitraum von einigen Wochen gewährleistet. Die Erkran-

---

[33] 1 MC (Millicurie) bedeutet hier 37,000.000 zerfallende Phosphoratome pro Sekunde. Näheres siehe Kapitel über Strahlungsdosen.

kungen, die man erstmalig auf diesem Wege zu bekämpfen suchte, waren vor allem *chronische myelogene* und *chronische lymphatische Leukämie* und *Polycythemia vera*. Für letztgenannte Krankheit ist die übermäßige Vermehrung der roten Blutkörperchen charakteristisch, die auf einer krankhaften Überproduktion der im Knochenmark gelegenen Blutbildungszentren beruht. Die Strahlung des an dieser Stelle vermehrt abgelagerten Radiophosphors hemmt für einige Zeit die Bildung neuer Blutkörperchen, wodurch ihre Zahl bedeutend herabgesetzt wird. Die bisher erwähnten Heilerfolge für Radiophosphor bei Polycythemia vera sind ausgezeichnet zu nennen (Abb. 23). Radiophosphor scheint hier tatsächlich das Mittel der Wahl zu sein.

Die beiden erstgenannten Erkrankungen sind durch ein enormes Überhandnehmen der weißen Blutkörperchen gekennzeichnet. Durch die vermehrte Phosphoraufnahme der Lymphknoten, Milz und Leber sind diese Gewebeteile einer stärkeren Bestrahlung ausgesetzt, die die Überproduktion an weißen Blutkörperchen sowie andere mit der Erkrankung einhergehende krankhafte Veränderungen dieser Organe im günstigen Sinne beeinflußt. Das Blutbild des Patienten zeigt bald nach der Aufnahme von Radiophosphor ein steiles Absinken der Zahl der weißen Blutkörperchen bis auf ihre normale Anzahl, der Patient zeigt meist keine, oder nur geringe Krankheitssymptome. In der Mehrzahl der Fälle ist diese Besserung, wenn nicht überhaupt dauernd, so doch längere Zeit anhaltend. (Abb. 24.) Zeigte sich im Verlaufe einiger Monate wieder ein Ansteigen der weißen Blutkörperchen, so wurde wieder Radiophosphor verabreicht. Nur in einem einzigen Fall dieses ersten Berichtes wurde gemeldet, daß nach mehrmaligen Radiophosphorgaben dieser seine Wirkung verlor und keine Besserung mehr eintrat. In allen anderen Fällen brachte die Radiophosphorbehandlung eine deutliche und lang anhaltende Besserung dieser sonst unweigerlich zum Tode führenden Krankheit. Ob sie imstande sein wird, eine dauernde Heilung herbeizuführen, kann heute noch nicht entschieden werden, da die Anzahl der behandelten Fälle noch zu klein und vor allem der vergangene Zeitraum noch viel zu kurz ist, um ein endgültiges Urteil über eine so neuartige Methode abgeben zu können.

Die Radiophosphorbehandlung wurde auch von anderen Ärzten übernommen. Es wurden bisher über 400 Fälle dieser und ähn-

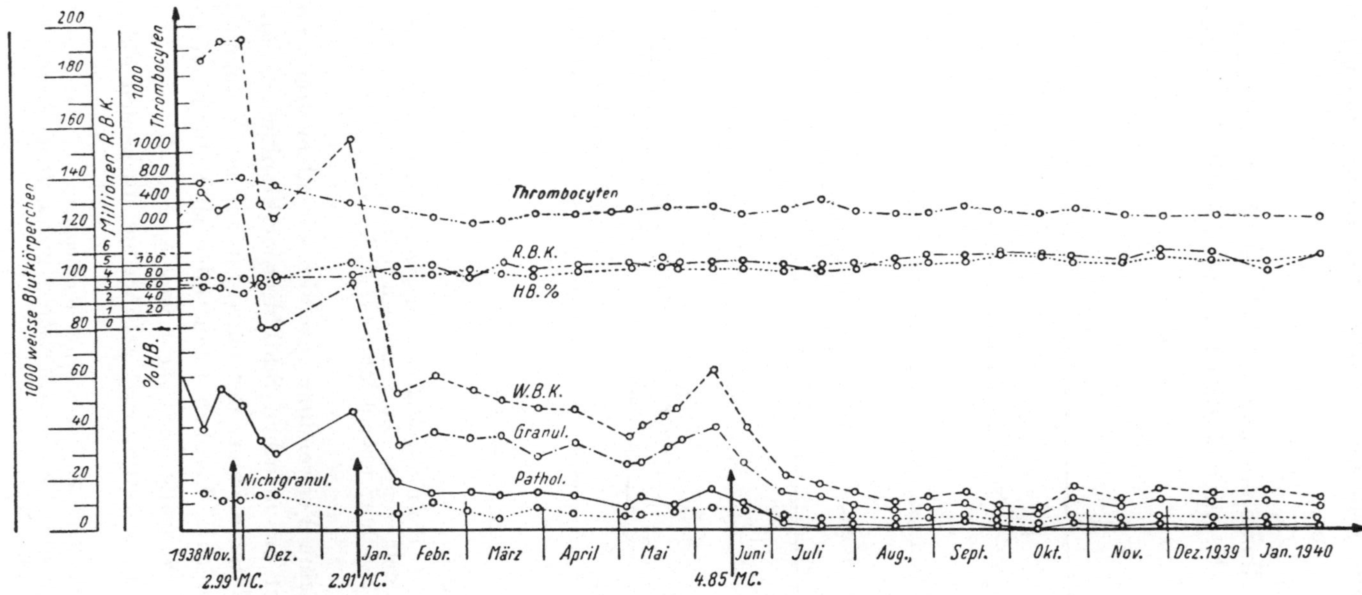

Abb. 24. Verlauf eines Blutbildes bei *chronischer myelogener Leukämie.*

Der Patient hat 3 verschiedene Dosen Radiophosphor erhalten, die letzte davon im Juni 1939. Im Jahre 1940 war die Zahl der weißen und roten Blutkörperchen normal, Myelocyten waren im Blutausstrich nur mehr vereinzelt zu entdecken (*Lawrence* 1940).

licher Erkrankungen der blutbildenden Organe beschrieben, die mit Radiophosphor, teilweise mit sehr gutem Erfolge, behandelt wurden[34]. (Abb. 25, 26, 27.)

Radiojod. Radiojod konnte bei verschiedenen Schilddrüsenerkrankungen (Kropf und Basedow) bereits mit Erfolg angewandt

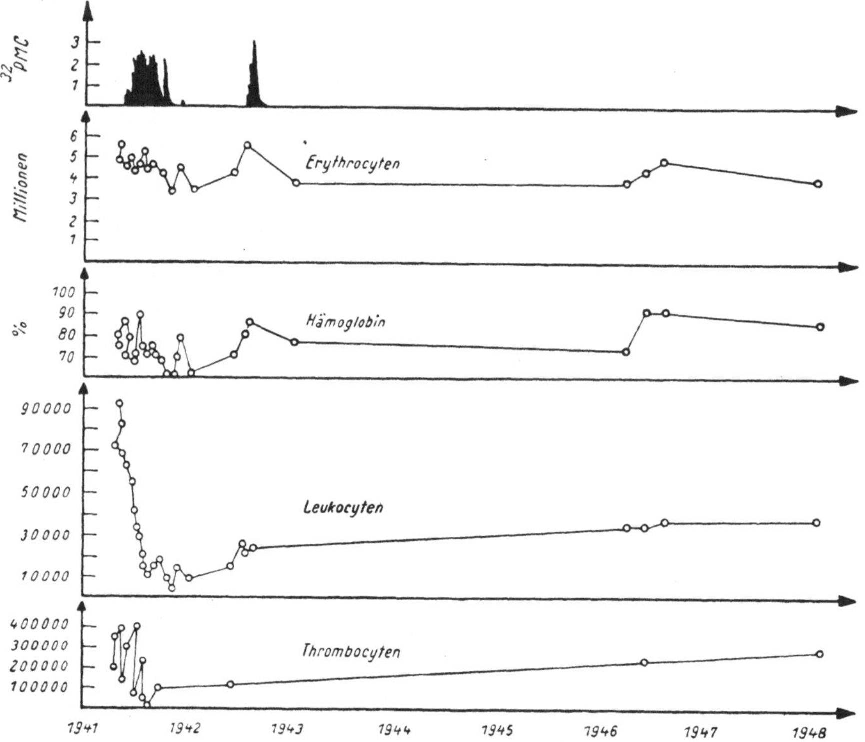

Abb. 25. *Chronische lymphatische Leukämie,* welche 1941—1942 mit kleinen Dosen ^{32}P behandelt wurde. Die Remission besteht nun ohne jede weitere Behandlung über 6 Jahre (*J. H. Lawrence* 1948).

werden. Für seine Verwendung sprechen vor allem drei Umstände: Erstens besteht bei manchen Schilddrüsenerkrankungen ein gewisser Jodmangel im Körper, der entweder auf einer ungenügenden Schilddrüsenfunktion beruhen kann, oder aber durch zu geringen Jodgehalt der Nahrung verursacht wurde, und der seinerseits zu einer Entartung der Schilddrüse geführt hat. In beiden Fällen muß

---

[34] *E. H. Reinhard, C. V. Moore, O. S. Bierbaum* und *S. Moore:* Journ. Lab. Clin. Medicine, *31,* 107, 1946. *E. C. Doughtery* und *J. H. Lawrence:* California Medicine *69,* Nr. 182. 1948.

dem Organismus Jod von außen zugeführt werden. Zweitens: Die
günstige Wirkung radioaktiver Strahlung bei gewissen Schilddrüsenleiden ist bereits seit einiger Zeit bekannt, Radium- und Röntgen-

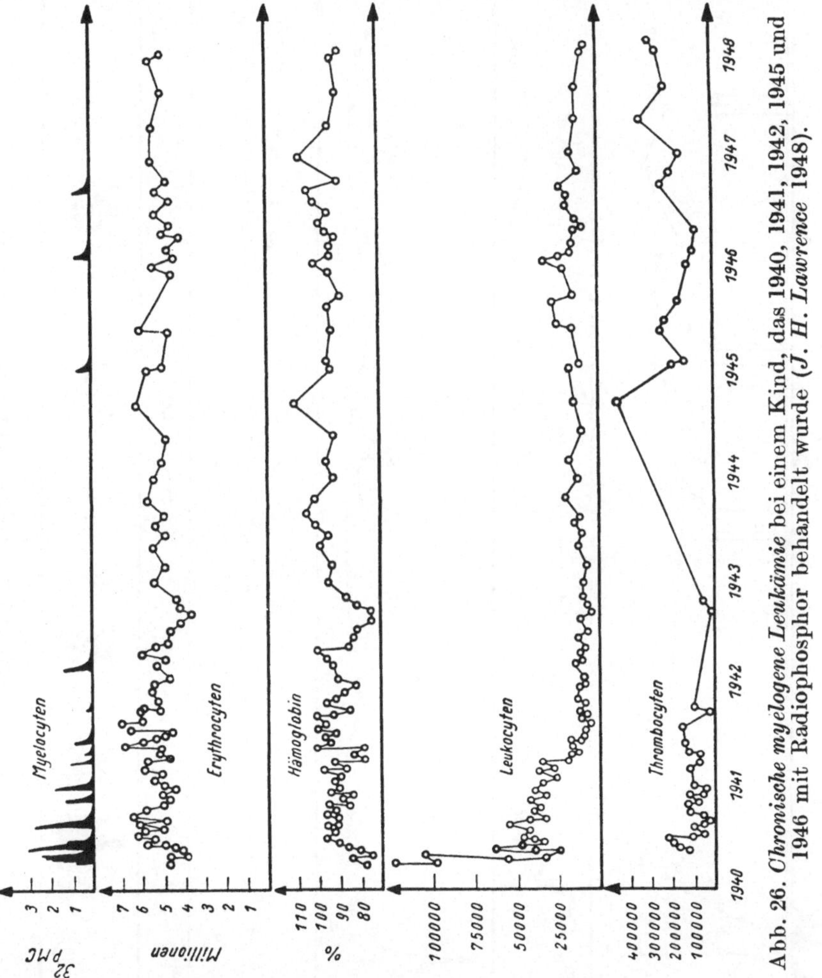

Abb. 26. *Chronische myelogene Leukämie* bei einem Kind, das 1940, 1941, 1942, 1945 und
1946 mit Radiophosphor behandelt wurde (*J. H. Lawrence* 1948).

bestrahlung wurden bei diesen Erkrankungen bereits mit Erfolg
durchgeführt. Der dritte Umstand, der die Verwendung von Radiojod nahelegt, ist die fast ausschließliche Ablagerung von Jod in der
Schilddrüse, worüber wir ja schon in den früheren Kapiteln ausführlich gehört haben.

Es wurde daher vor einigen Jahren mit der Radiojodtherapie
begonnen und trotz der kurzen Zeit konnte man bereits über einige

sehr gute Heilerfolge berichten. Die Patienten zeigten mindestens 6 bis 12 Monate nach der Behandlung bisher keinen Rückfall. Dazu kommt noch der Vorteil, daß die Durchführung der Behandlung sehr

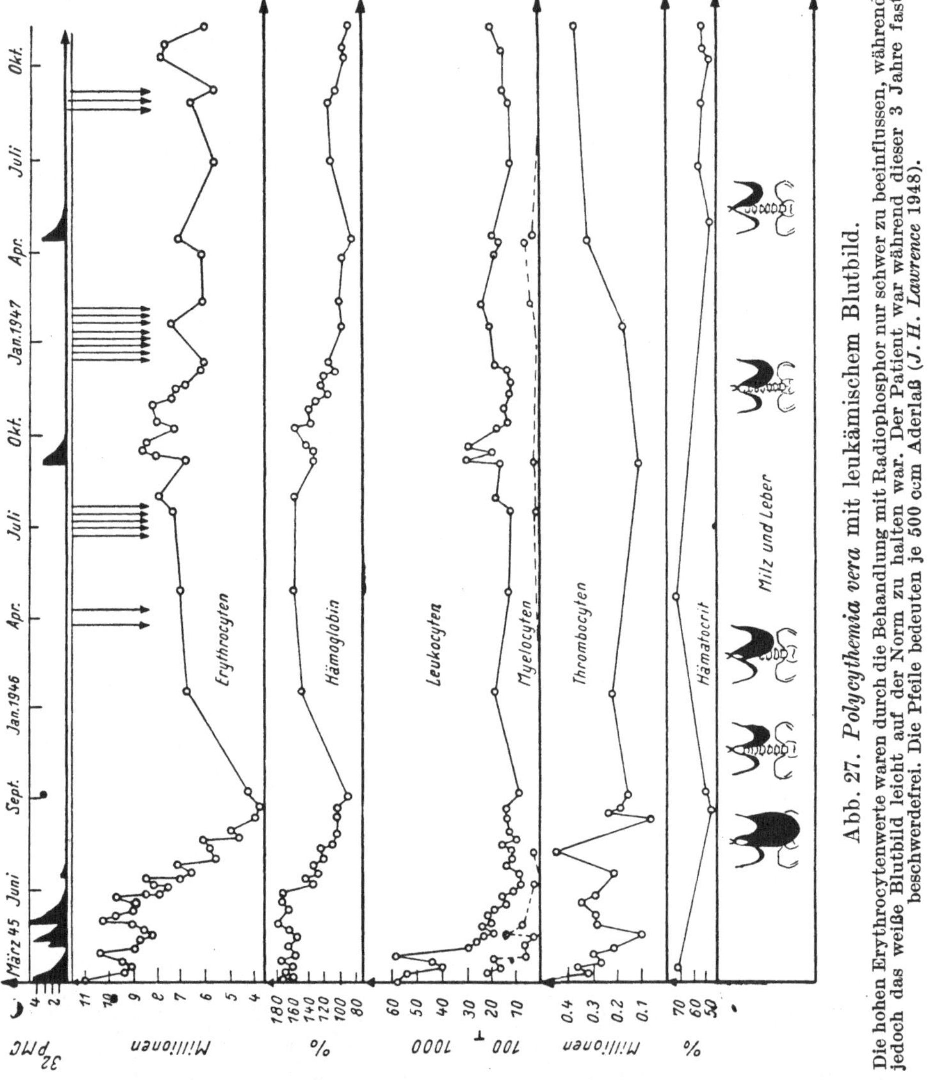

Abb. 27. *Polycythemia vera* mit leukämischem Blutbild. Die hohen Erythrocytenwerte waren durch die Behandlung mit Radiophosphor nur schwer zu beeinflussen, während jedoch das weiße Blutbild leicht auf der Norm zu halten war. Der Patient war während dieser 3 Jahre fast beschwerdefrei. Die Pfeile bedeuten je 500 ccm Aderlaß (*J. H. Lawrence* 1948).

einfach ist. Der Patient erhält mit der Nahrung ein oder mehrere Male die erforderliche Radiojoddosis. Nach 1 bis 3 Tagen kann man dann zur gewöhnlichen Jodbehandlung übergehen. Natürlich muß die Dosierung, sowohl was die Jodmenge, als auch was die

Strahlung betrifft, eine sehr sorgfältige sein. Zu große Strahlungsdosen können die Überfunktion der Schilddrüse vorübergehend in eine Unterfunktion (Myxödem) verwandeln. Die Dosis läßt sich aber sehr leicht bestimmen: Da Jod fast ausschließlich in der Schilddrüse abgelagert und das überschüssige Jod durch die Nieren ausgeschieden wird, so ergibt sich die aufgenommene Jodmenge als Differenz der verabreichten und der ausgeschiedenen Menge. Die Größe der Schilddrüse und die dadurch notwendige Radiojodmenge (Aktivität pro Gramm Schilddrüsengewebe) läßt sich klinisch ermitteln. Zur Kontrolle kann man noch das aufgenommene Radiojod durch ein außen am Halse befestigtes Zählrohr nachmessen.

Krebskranke Schilddrüsen können, wie wir schon früher gesehen haben, nur geringe Jodmengen speichern und eignen sich daher weniger für die Behandlung mit Radiojod. Allerdings fand man, daß in Metastasen von Schilddrüsenkrebs Jod auch in größeren Mengen angesammelt wird. Es wird von Fällen berichtet, in denen diese Neubildungen durch die Bestrahlung mit Radiojod zum Stillstand gebracht werden konnten.

4. Einige Bemerkungen über die Bewertung von Angaben über Strahlendosen.

Strahlendosen werden meistens in MC (Millicurie) angegeben. Diese Bezeichnungsweise stammt aus der Zeit, in der nur die natürlich radioaktiven Elemente bekannt waren. Ursprünglich bedeutete 1 MC die Emanations*menge*, die mit 1 mg Radium im radioaktiven Gleichgewicht steht. Später wurde diese Bezeichnung auch für die Intensität der von dieser Menge ausgesandten Strahlung benützt. Bei der Betrachtung einer Strahlungsintensität kann man nun entweder die Wirkung der Strahlung ins Auge fassen, am besten die Ionisationswirkung unter bestimmten Versuchsbedingungen, oder man versteht darunter die Zahl der radioaktiven Zerfälle pro Sekunde. Solange man es nur mit Radium-, bzw. Radiumemanationspräparaten zu tun hatte, spielte es keine Rolle, ob man an die eine oder an die andere Definition dachte. Die Verhältnisse liegen aber anders, wenn man die Strahlung von Proben verschiedener radioaktiver Substanzen zu vergleichen hat. Die Angabe der Zerfälle pro Sekunde bleibt eindeutig, ist aber in der Praxis sehr schwer bestimmbar. Der Vergleich der Ionisationswirkung wieder ist bei

Strahlen verschiedener Durchdringungsfähigkeit außerordentlich von der Meßanordnung abhängig. Exakte Messungen lassen sich nur für gleichartige Strahler an Standard-Meßapparaturen durchführen, so daß man im Allgemeinen auf Schätzungen angewiesen ist, bei denen die Absorptionsverhältnisse im Präparat und in der Meßapparatur, sowie eventuell auftretende Sekundärstrahlungen streng berücksichtig werden müssen. Diese Vorschrift wurde in manchen Fällen leider nicht beachtet, was zu einer ziemlichen Verwirrung führte. Überhaupt lassen die Angaben, wie die Strahlendosis im einzelnen Falle bestimmt wurde, in der Literatur leider sehr oft zu wünschen über.

Die meisten Autoren verstehen unter 1 MC 37,000.000 zerfallende Atome pro Sekunde. Dabei wird weder die Art der Strahlung noch deren Energie berücksichtigt, obwohl die physiologische Wirkung des jeweiligen Strahlers von diesen beiden Faktoren wesentlich abhängt. *Eine in MC angegebene Strahlendosis darf also nicht von einem Element auf ein anderes übertragen werden.* Die physiologische Wirkung von 1 MC irgendeiner künstlich radioaktiven Substanz entspricht keineswegs der physiologischen Wirkung von 1 MC Radium. *Die für den Körper verträgliche Strahlendosis muß für jedes Isotop* gesondert berechnet werden.

Einer amerikanischen Arbeit[35] entnehmen wir den Versuch, Dosisangaben für Radiophosphor in eine für den Kliniker und Radiologen geläufigere Ausdrucksweise zu übersetzen:

a) 1 kg Körpergewebe erhält ein Strahlungsäquivalent von 1 r (Röntgen), wenn 1,1 Microcurie ^{32}P bis zum vollständigen Zerfall des Phosphors in dem betreffenden Gewebe verblieben ist.

b) Verbleibt 1 Microcurie ^{32}P für 24 Stunden in einem Gramm Gewebe, dann erhält dieses 43 r.

c) 1 MC ^{32}P ergibt in 24 Stunden beim Erwachsenen (70 kg) ein Strahlungsäquivalent von 0,6 r.

Es sei nochmals erwähnt, daß nur für Stoffe, deren Strahlung sowohl ihrer Zusammensetzung wie ihrer Energie nach, der Strahlung von Radiophosphor sehr verwandt ist, ähnliche Strahlungsäquivalente angenommen werden dürfen.

---

[35] *E. H. Reinhard, C. V. Moore, C. S. Bierbaum, S. Moore:* Journ. Lab. Clin. Medicine *31*, 107, 1946.

Eine weitere Schwierigkeit für die Bewertung von Dosisangaben ergibt sich aus der Tatsache, daß in den verschiedenen Instituten verschiedenartige Vergleichsstandards für Aktivitätsmessungen verwendet wurden. Die Laboratorien der California und der Washington University verwenden zur Bestimmung der Aktivität von ^{32}P-Präparaten Uran X$_2$-Standards, deren β-Strahlung der Strahlung von ^{32}P vergleichbar ist. Das Massachusetts Institute of Technology verwendet an Stelle von UX$_2$ Radium D + E-Präparate. Die Meßresultate der genannten Institute unterscheiden sich um den Faktor 2, 4, ohne daß die nähere Ursache dieser Diskrepanz aufgefunden werden konnte!

Man ist nun allgemein bemüht, Ordnung in dieser Verwirrung zu schaffen und ein geeignetes Aktivitätsmaß und eine einheitliche Standard-Meßanordnung zu entwickeln.

Ausblick.

So groß die Verdienste auch sein mögen, welche die künstliche Radioaktivität bisher in der Medizin und in der wissenschaftlichen Forschung aufzuweisen hat, so stehen wir heute trotzdem noch an einem Anfang. Die Wissenschaft beginnt erst allmählich sich der neuen Methode zu bedienen, an deren Ausbau und Entwicklung sämtliche naturwissenschaftliche Disziplinen außerordentlich interessiert sind. Amerika steht heute mit der Zahl der Arbeiten, die unter Zuhilfenahme radioaktiver Isotope ausgeführt wurden, weit an der Spitze, denn abgesehen von den ungünstigen äußeren Bedingungen, die die europäische Wissenschaft in dem letzten Jahrzehnt so schwer hemmte, ist Amerika das Ursprungsland des Zyklotrons und der Uranbatterie, durch welche die Herstellung künstlich aktiver Substanzen in größeren Mengen überhaupt erst möglich gemacht wurde. Glücklicherweise besitzt Europa heute auch schon eine Uranbatterie in England und eine in Frankreich und außerdem eine Reihe von Zyklotrons und Hochspannungsanlagen in den verschiedensten Staaten. Die Lieferungen radioaktiver Isotope durch die Uranbatterie sind für manche Elemente so ergiebig, daß die Vereinigten Staaten und England bereits in der Lage sind, langlebige Radioelemente an ausländische Forschungsinstitute zu exportieren[36]. Wir können hoffen,

---

[36] Diesbezügliche Ansuchen sind an folgende Adressen zu richten: The Isotopes Branch, Research Division, Manhattan District, P. O. Box, E. Oak Ridge, Tennessee.

daß in absehbarer Zeit jedem Forscher künstlich hergestellte Radioelemente nach Wunsch zur Verfügung stehen werden. Bis dahin sind
wir auf unsere europäischen Mittel, Atomumwandlungen künstlich
herbeizuführen, angewiesen. Uns Österreichern stehen derzeit als
einzige Strahlenquelle nicht ganz zwei Gramm Radium zur Verfügung,
deren α.-Teilchen, wenn sie auf Beryllium auftreffen, Neutronen liefern, welche zu Atomumwandlungen verwendet werden können.
Dieses Radium ist Eigentum des Instituts für Radiumforschung in
Wien. Radium für medizinische Zwecke, das sich in festverschlossenen
Metallhülsen befindet, kommt für die Neutronenerzeugung praktisch
nicht in Frage. Die Zahl der Radioelemente, die auf diese Weise hergestellt werden können, und die Ausbeute an Aktivität, die man erreichen kann, sind daher beschränkt. Jedoch gibt es eine große Zahl
von Problemen, die selbst mit diesen geringen Mitteln zu lösen sind.
Und so steht zu erwarten, daß die künstliche Radioaktivität bald auch
bei uns eine verbreitete Anwendung finden wird.

Tab. 4. Das Periodische System der Elemente. (Nach Prof. *Stefan Meyer.*)

Diese Tabelle enthält eine Reihe von Elementen, die in den bisherigen Darstellungen noch nicht aufschienen:
Ordnungszahl 43: *Tecnicium*. Dieses Element kommt in der Natur nicht vor. (Vgl. hiezu Seite 2.) Die Herstellung gelang auf künstlichem Wege durch Bestrahlung von Molybdän mit Deuteronen im Zyklotron. Das Element ist nicht stabil. Ordnungszahl 85: *Astatin* (*Viennum*) wurde im Jahre 1940 künstlich hergestellt durch Bestrahlung von Wismuth mit α-Strahlen im Zyklotron. 3 Jahre später gelang jedoch der Nachweis von drei natürlichen Isotopen desselben Elementes, die unter den Zerfallsprodukten von Radium, Thorium und Actinium in der Natur vorkommen. Ordnungszahl 87: *Francium* wurde im Jahre 1939 in Paris entdeckt. Die transuranischen Elemente *Neptunium* (93), *Plutonium* (94), *Americium* (95) und *Curium* (96) wurden durch Neutronenbestrahlung von Uran künstlich erzeugt. Es gelang jedoch kürzlich zu zeigen, daß Element 94 spurenweise auch in der Natur vorkommt, da Uran einer ständigen Bestrahlung von Neutronen ausgesetzt ist, welche aus der kosmischen Strahlung stammen.

Reihe	I	II	III	IV	V	VI	VII	0
1	H 1,008 1							He 4,003 2
2	Li 6,94 3	Be 9,0 4	B 10,8 5	C 12,0 6	N 14,0 7	O 16,0 8	F 19,0 9	Ne 20,2 10
3	Na 23,0 11	Mg 24,3 12	Al 27,0 13	Si 28,1 14	P 31,0 15	S 32,1 16	Cl 35,5 17	Ar 39,6 18

Legende: Wertigkeit bzw. Gruppennummer — Chemisches Zeichen — Atomgewicht — Ordnungszahl (Kernladungszahl)

Reihe	I	II	III	IV	V	VI	VII	VIII	VIII	VIII	I	II	III	IV	V	VI	VII	0
4	K 39,1 19	Ca 40,1 20	Sc 43,1 21	Ti 47,8 22	V 51,0 23	Cr 52,0 24	Mn 54,9 25	Fe 55,8 26	Co 58,8 27	Ni 58,7 28	Cu 63,6 29	Zn 65,4 30	Ga 69,7 31	Ge 72,6 32	As 74,9 33	Se 79,0 34	Br 79,9 35	Kr 83,7 36
5	Rb 85,5 37	Sr 87,6 38	Y 88,3 39	Zr 91,8 40	Nb 92,9 41	Mo 95,9 42	Tc 99 43	Ru 101,7 44	Rh 102,9 45	Pd 106,7 46	Ag 107,9 47	Cd 112,4 48	In 114,3 49	Sn 118,7 50	Sb 121,8 51	Te 127,6 52	J 126,9 53	Xe 131,3 54

Reihe 6:

Cs	Ba	La	Ce	Pr	Nd		Sm	Eu	Gd	Tb	Dy	Ho	Er	Tu	Yb	Cp
132,9	132,4	138,9	140,1	140,9	144,3		150,4	152,0	156,9	159,2	162,5	164,9	167,2	169,4	173,0	175,0
55	56	57	58	59	60	61	62	63	64	65	66	67	68	69	70	71

Hf	Ta	W	Re	Os	Ir	Pt	Au	Hg	Ti	Pb	Bi	Po	At	Em
178,5	180,9	183,9	186,3	190,2	193,1	195,2	197,2	200,6	204,4	207,2	209,0	210	211	222
72	73	74	75	76	77	78	79	80	81	82	83	84	85	86

Reihe 7:

Fr	Ra	Ac	Th	Pa	U	Np	Pu	Am	Cm
223	226,0	227,0	232,1	231	238,0	237	239	241	242
87	88	89	90	91	92	93	94	95	96

Tab. 5. Die radioaktiven Familien: Actinium-, Uran-Radium und Thoriumreihe.

Die Pfeile deuten an, ob es sich um α- oder β-Zerfall handelt. Dementsprechend ändern sich die Massenzahlen (über dem chem. Zeichen des jeweiligen Elementes angegeben) und die Ordnungszahlen (unter dem chem. Zeichen). Isotope desselben Elementes stehen in einer Zeile, die Ordnungszahlen sind daher außerdem links in Form einer Skala angegeben.

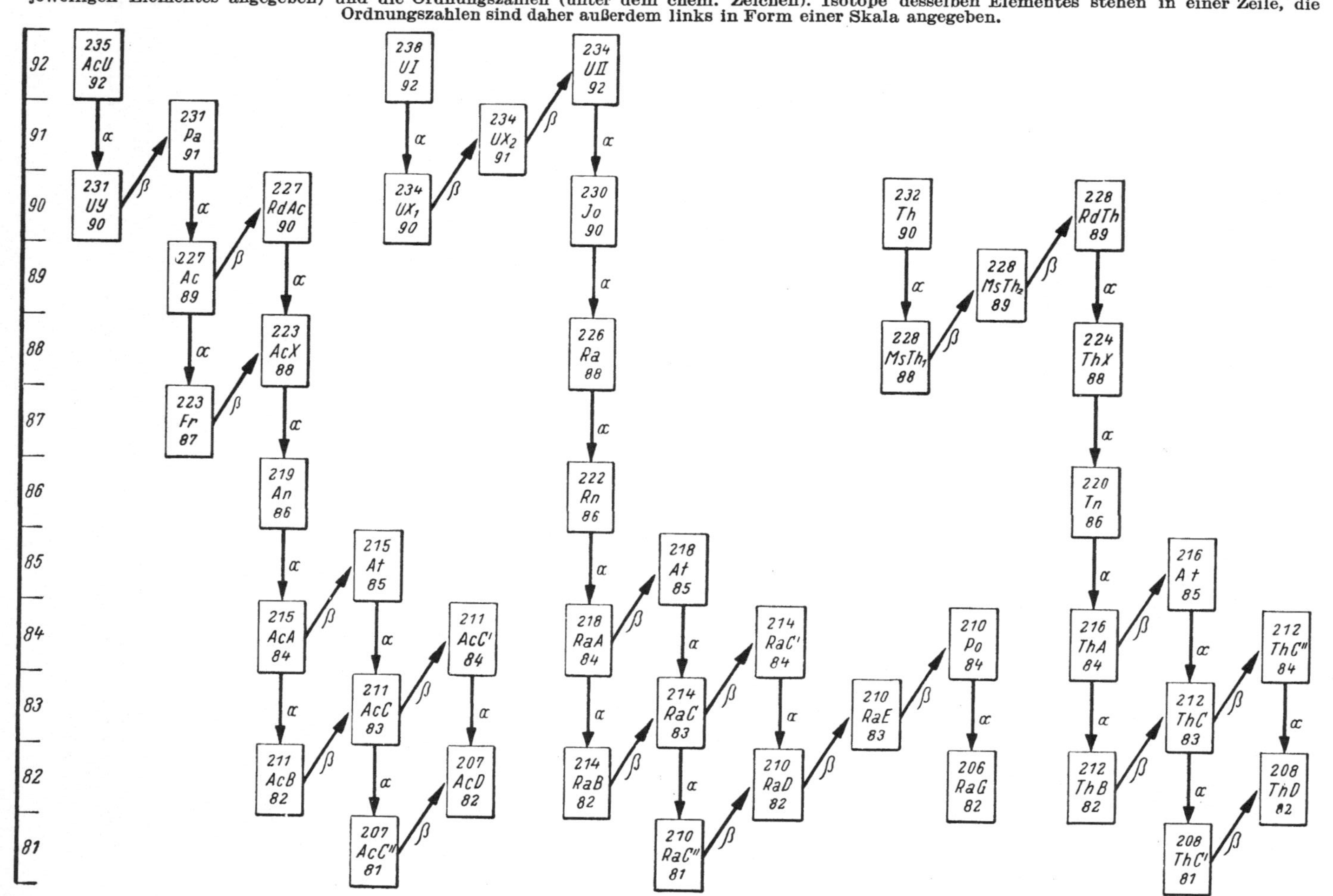

Tab. 6. Künstlich radioaktive Isotope, die als Indikatoren bei biologischen Untersuchungen Verwendung fanden.

Isotop	Strahlung	Halbwertszeit	Maximale Teilchenenergie in MEV	γ-Energie MEV	Einige Probleme, in welchen die betreffenden Isotope Verwendung fanden
^{3}H	β^-	31 Jahre	0,015		Menge des Wassers im Organismus; Photosynthese
^{11}C	$\beta+$, γ	20,4 Minuten	0,95	0,5	Zwischenstoffwechselfragen; Verteilung und Ausscheidung; Photosynthese
^{14}C	β^-	5—10000 Jahre	0,16		Photosynthese
^{18}F	$\beta+$	2 Stunden	0,7		Knochen- und Zahnphysiologie
^{22}Na	$\beta+$, γ	3 Jahre	0,58	1,38	Einfluß des Mangels an NaCl in der Nahrung
^{24}Na	β^-, γ	14,8 Stunden	1,39	1,38; 2,758	Ionenaustausch; Adrenalphysiologie; Blutströmungsgeschwindigkeit; Markierung von Penicillin; Leukämietherapie
^{32}P	β^-	14,3 Tage	1,69		Stoffwechselfragen; Phosphortherapie; Markierung roter Blutkörperchen Zwischenstoffwechsel; u.a.m.
^{35}S	β^-	87,1 Tage	0,15		Stoffwechsel; Zwischenstoffwechsel; Pflanzenphysiologie
^{34}Cl	$\beta+$	33 Minuten	2,5		
^{36}Cl	K, β^-	10^6 Jahre	0,64	0,01	
^{38}Cl	β^-, γ	37 Minuten	1,16; 2,8; 4,99	1,64; 2,19	Stoffwechsel
^{42}K	β^-, γ	12,4 Stunden	3,5	1,5	Stoffwechsel; Adrenalphysiologie
^{41}Ca	K, γ	8,5 Tage		1,1	
^{45}Ca	β^-, γ	180 Tage	0,3	0,7	Stoffwechsel
^{52}Mn	$\beta+$, γ $\beta+$, K	21 Minuten, 6,5 Tage	2,2 1,09	0,235 1,46; 0,73; 0,56	Verteilung von kolloidalem MnO_2 im Reticulo-Endothelial-System
^{54}Mn	K, γ	310 Tage		0,835	Stoffwechsel

Isotop	Strahlung	Halbwertszeit	Maximale Teilchenenergie in MEV	γ-Energie MEV	Einige Probleme, in welchen die betreffenden Isotope Verwendung fanden:
^{55}Fe ^{59}Fe	K β^-	4 Jahre 47 Tage	0,275; 0,46	0,0065 1,3; 1,1	Stoffwechsel; Blutphysiologie; Blutkonservierung
^{56}Co ^{58}Co	$\beta+$, γ $\beta+$, γ	80 Tage 72 Tage	1,2 0,47	1,7 0,81	Stoffwechsel
^{61}Cu	$\beta+$, K	3,4 Stunden	1,22		
^{64}Cu	β^-, K $\beta+$	12,8 Stunden	0,574 0,649		Stoffwechselfragen
^{65}Zn	$\beta+$, K, γ	250 Tage	0,4	0,45; 0,65; 1,5	Stoffwechsel
^{73}As ^{76}As	$\beta+$ β^-, γ $\beta+$	50 Stunden 26,8 Stunden	0,6 1,0; 3,0 0,7; 2,6	0,83; 1,94	Resorption; Verteilung; Ausscheidung
^{83}Br	β^-	140 Minuten	1,05		Ionenaustausch, Schilddrüsenphysiologie; tumor- affine Farbstoffe
^{79}Kr	$\beta+$	34 Stunden	0,4		Ersatz für Stickstoff
^{89}Sr	β^-	55 Tage	1,5		Knochenphysiologie
^{106}Ag ^{108}Ag^{110} ^{111}Ag	β^-, γ β^-, γ β^-	8,2 Tage 225 Tage 7,5 Tage	1,2 1,3 0,8	0,69; 1,06 0,65; 0,9; 1,51	lokal fixierte Kolloide
^{128}J ^{130}J ^{131}J	β^-, γ β^- β^-, γ	26 Minuten 12,6 Stunden 8 Tage	1,05; 2,10 0,83 0,595	0,4 0,367; 0,08	Stoffwechsel; Schilddrüsenphysiologie; Therapie;
^{198}Au	β^-, γ	2,7 Tage	0,78	0,28; 0,44	Resorption, Verteilung, Ausscheidung, Kolloide, Chrysotherapie bei Arthritis

Die Ausbeute hängt naturgemäß von dem Kernprozeß, der für die Herstellung des betreffenden Isotops benützt wurde, und von der verwendeten Apparatur ab. Daher wurde hier auf Ausbeuteangaben verzichtet.

Literaturverzeichnis.

Zusammenfassende Darstellungen

J. R. Loofbourow: Borderlandproblems in Biology and Physics. Rev. Mod. Phys. 1940.

R. D. Evans: Applied Nuclear Physics. Journ. Appl. Phys. 1941.

Abstracts from the Conference of Applied Physics. Journ. Appl. Phys. 1941.

J. G. Hamilton: The Applications of Radioactive Tracers to Biology and Medicine. Journ. Appl. Phys. 1941.

G. v. Hevesy: Some Applications of Isotopic Indicators. Les Prix Nobel, Stockholm, 1946.

J. H. Lawrence: The Use of Isotopes in Medical Research. Journ. Am. Med. Assoc. 1947.

M. D. Kamen: Radioactive Tracers in Biology. New York, 1947.

E. H. Quimby: Radioactive Sodium as a Tool in Medical Research. Am. Journ. Roentgenology & Radium Ther. 1948.

E. H. Reinhard: Artificially Prepared Radioactive Isotopes as a Means of Administering Radiation Therapy. Am. Journ. Roentgenology & Radium Ther. 1948.

E. C. Doughtery & J. H. Lawrence: Isotopes in Clinical and Experimental Medicine. California Medicine *69*, No 1 & 2, 1948.

P. F. Hahn: The Use of Radioactive Isotopes in the Study of Iron and Hemoglobin Metabolism and the Physiology of the Erythrocyte.
Advances in Biological and Medical Physics, Vol I. Im Erscheinen begriffen.

Die für die Bearbeitung einzelner Fragen herangezogenen *Originalarbeiten* können, soweit sie nicht ohnehin im Text erscheinen, in diesem Rahmen nicht angeführt werden, da ihre Zahl bereits zu groß geworden ist.

Sachverzeichnis.